"十二五"职业教育国家

经全国职业教育教材审定委

U0181420

普通高等教育"十一五"国家级规划教材

基于 C#的 ASP.NET 程序设计

第 4 版

主 编 翁健红

副主编 冯向科 杜 恒 尤霞光

参 编 林东升 刘帼晖 程新党

机械工业出版社

ASP.NET 是 Web 开发的主流技术之一，本书主要介绍使用 ASP.NET 进行 Web 应用系统的开发，开发环境为 VS2013，使用 C#作为 ASP.NET 开发语言。本书除第 11 章 ASP.NET MVC 开发速成外，所有其他内容均适用于 VS2005 以上版本。

本书由 11 章构成，内容包括 ASP.NET 基础、C#语言基础、服务器端控件、ADO.NET 数据库访问技术、VS.NET 开发会员管理系统、数据窗体设计、内置对象、母版页与主题、Ajax 技术、新闻发布系统与网上书店系统两个开发实例以及 ASP.NET MVC 开发速成。

本书内容丰富，结构清晰，叙述深入浅出，适合作为高职高专院校计算机及相关专业 Web 应用系统开发的教材，也可作为 ASP.NET 培训教材，同时也可作为从事 ASP.NET 编程和网站开发者的参考书。

为了方便教学，本书配有电子课件、模拟试卷、习题答案、源代码等教学资源。凡选用本书作为教材的教师均可登录机械工业出版社教育服务网 www.cmpedu.com 下载，或发送电子邮件至 cmpgaozhi@sina.com 索取。咨询电话：010-88379375。

图书在版编目（CIP）数据

基于 C#的 ASP.NET 程序设计/翁健红主编. —4 版. —北京：机械工业出版社，2018.5
（2021.7 重印）

"十二五"职业教育国家规划教材　普通高等教育"十一五"国家级规划教材

ISBN 978-7-111-59697-4

Ⅰ．①基…　Ⅱ．①翁…　Ⅲ．①网页制作工具—程序设计—高等学校—教材
②C 语言—程序设计—高等学校—教材　Ⅳ．①TP393.092 ②TP312

中国版本图书馆 CIP 数据核字（2018）第 077490 号

机械工业出版社（北京市百万庄大街 22 号　邮政编码 100037）

策划编辑：王玉鑫　　　　责任编辑：王玉鑫
封面设计：马精明　　　　责任校对：张　力
责任印制：郜　敏

三河市国英印务有限公司印刷

2021 年 7 月第 4 版第 7 次印刷

184mm×260mm・15 印张・328 千字

标准书号：ISBN 978-7-111-59697-4

定价：42.00 元

电话服务　　　　　　　　　　网络服务
客服电话：010-88361066　　机　工　官　网：www.cmpbook.com
　　　　　010-88379833　　机　工　官　博：weibo.com/cmp1952
　　　　　010-68326294　　金　书　网：www.golden-book.com
封底无防伪标均为盗版　　机工教育服务网：www.cmpedu.com

本书自 2007 年的第 1 版、2010 年的第 2 版、2015 年的第 3 版出版以来，被许多高职院校选用为教材，受到广大同行的肯定和一致好评，也积累了一些有价值的反馈意见。作者在全面总结第 1、2、3 版成功经验的基础上，根据技术发展和教材使用后反馈的信息，对全书进行了修订，主要变动有：

1）根据新技术的发展，增加了第 11 章 ASP.NET MVC 开发速成；

2）系统开发平台由 VS2005 升级为 VS2013；

3）删除原第 8 章网站导航控件与 Web 服务；

4）删除了一些不常用的内容或例子；尽量减少对控件的依赖，向 MVC 开发模式靠拢。

本次修订，更加突出如下特色。

1. 适合理论实践一体化教学

所有例子均有具体的操作步骤，便于学生上机练习。

2. WebForm 与 MVC 开发模式兼顾

为保持技术的连贯性，本书主要讲解 ASP.NET 的 WebForm 的开发模式，但尽量减少对控件的依赖，向 ASP.NET MVC 的开发模式靠拢。

3. 与案例结合，强调项目、模块开发

本书使用了"会员管理系统""网上书店系统""新闻发布系统"三个精练的案例。在案例的组织上，引入目标—编程的方式，即在把案例分解为模块的基础上，对每个模块先以"模块设计"说明目标；然后讲解实现这个目标的步骤。这就避免了案例的讲解变成代码的堆积，学生无论学习还是上机练习都可以带着明确的目标。

4. 例子精炼

精心设计例子，易于教师讲解，易于学生理解。

本书由翁健红主编，冯向科、杜恒、尤霞光、林东升、刘帼晖、程新党参与了编写。由于时间仓促和作者水平有限，书中不足与疏漏之处在所难免，敬请广大读者批评指正。本书配有课件、源代码、习题答案等教学资源，凡选用本书作为教材的教师均可登录机械工业出版社教育服务网 www.cmpedu.com 下载，或发送电子邮件至 cmpgaozhi@sina.com 索取。咨询电话：010-88379375。

目 录 / C#
CONTENTS

第 1 章
ASP.NET 基础

Chapter

本章目标

➤ Web 基础知识

➤ 第一个 ASP.NET 程序

➤ ASP.NET 页面的结构

➤ ASP.NET 页面的事件

1.1 Web 基础知识

HTTP（Hypertext Transfer Protocol）即超文本传输协议。这个协议是在 Internet 中进行信息传送的协议，浏览器默认使用这个协议。例如，当用户在浏览器的地址栏中输入 www.163.com 时，浏览器会自动使用 HTTP 来搜索 http://www.163.com 网站的首页。

从浏览器向 Web 服务器发出的搜索某个 Web 网页的请求是 HTTP 请求，当 Web 服务器收到这个请求之后，就会按照请求的要求，找到相应的网页。如果可以找到这个网页，那么就把网页的 HTML 代码通过网络传回浏览器；如果没有找到这个网页，就发送一个错误信息给发出 HTTP 请求的浏览器。后面的这些操作称为 HTTP 响应。

1.1.1 Web 服务器

当提到 Web 服务器时，很多人都会认为这是一台物理的机器。但实际上，Web 服务器是一种软件，可以管理各种 Web 文件，并为提出 HTTP 请求的浏览器提供 HTTP 响应。大多数情况下，Web 服务器和浏览器处于不同的机器，但是它们也可以并存在同一机器上。比较常见的 Web 服务器有 Apache 和 IIS，其中 IIS 是微软公司的操作系统 Windows 所提供的，ASP.NET 只能在 IIS 上运行。

1.1.2 静态网页

WWW 通过超链接（HyperLink）技术在位于不同位置的文件之间建立了连接，从而可以为用户提供一种交叉式而非线形式的访问方式。借助于这种更符合思维习惯的访问方式，人们可以十分便捷地访问各种资源（如文本信息、多媒体信息等）。HTML（Hyper Text Markup Language）是一种标记语言，用于声明信息（如文本、图像等）的结构、格式，标识超链接等。在文本中嵌入适当的 HTML 标记后所得到的文件称为 HTML 文档。静态网页就是用纯 HTML 代码编写的网页。这些网页的代码是用一些编辑器输入的，或者是用一些网页设计程序生成的，保存为.html 或.htm 文件的形式。设计完成之后，无论是哪个用户访问这个网页，在什么时候访问这个网页，以何种方式进入这个网页，它的显示都不会发生任何变化。

【例 1-1】下面是一个静态网页的例子，用于显示一个红色的"你好"，运行结果如图 1-1 所示。

图 1-1　一个简单的静态网页

（Hello.html）
```
<html>
<body>
<font color=red>你好</font>
</body>
</html>
```
上面的例子是一个最简单的 HTML 静态网页，它的目的是显示红色的"你好"字符串。只要这个文件存在，不论什么用户要访问，在什么时候访问，以什么方式进入这个网页，都会显示同样的结果。

采用静态网页会导致很大的局限性。仅由 HTML 页面构成的 Web 应用程序的内容是静止的，它不会对用户的动作做出动态响应。如果希望为用户显示一些个性化的信息，使用静态网页就无法达到目的。例如，如果当前的时间是新年的开始，就在网页的最上面显示一个"新年好!"的信息；如果当前的时间是圣诞节，就在同样的位置显示一个"圣诞快乐!"的信息。

1.1.3　动态网页

要对用户请求做出动态响应，就要使用动态网页，动态网页可以为不同的用户提供个性化的服务，而为了实现这种动态性，就需要进行程序设计。

Web 应用程序要么在 Web 服务器（作为服务器端脚本时）上执行，要么在 Web 浏览器（作为客户端脚本时）上执行。它们能通过 Internet 和企业网共享和访问信息。另外，Web 应用程序支持在线商务事务，也就是一般所说的电子商务。

客户端脚本能开发动态响应用户输入的 Web 页面，而无须和 Web 服务器进行交互。例如，有一个 Web 应用程序要求用户输入用户名和口令方可显示主页，因此用户名和口令部分不能为空白。要检查用户名和口令部分是否为空白，可以编写运行于客户计算机上的客户端脚本。客户端脚本有助于减少网络流量，因为它不需要和 Web 服务器进行交互作用以动态响应用户的输入。脚本语言（如 VBScript 和 JavaScript）被用于编写客户端脚本。

服务器端脚本为用户提供动态内容，这些内容是基于远程存储信息（如后台数据库）的。它包括用服务器端脚本语言 ASP（Active Server Pages）和 JSP（Java Server Pages）所写的代码。服务器端脚本要在 Web 服务器上执行，当浏览器请求包含服务器端脚本和 HTML 页面时，收到请求的 Web 服务器先处理脚本然后将结果发送给浏览器。这样任何来自 Web 服务器的数据都会用服务器端脚本进行处理。例如，用 Web 页面显示 Web 站点所在系统当前时间就需执行服务器端脚本。如果使用了客户端脚本，那么每个请求包含该脚本的文件的浏览器都会显示浏览器所在系统的当前时间。

1.2 ASP.NET 概述

ASP.NET（Active Server Pages.NET）是 Microsoft. NET Framework 中的一套用于开发 Web 应用程序的技术。ASP.NET 在服务器上执行并生成 HTML 发送到桌面或移动浏览器。ASP.NET 使用一种已编译的、由事件驱动的编程模型，这种模型可以提高性能并支持将应用程序逻辑同用户界面相隔离。

1.3 Visual Studio 集成开发环境

Visual Studio 是 Microsoft 最新集成开发环境，能与.NET 技术紧密结合，支持建立任意类型的.NET 组件或应用程序。使用 Visual Studio 可以利用 Microsoft 兼容的语言来建立应用程序，还允许创建 Windows Form、XML Web 服务、.NET 组件、移动应用程序和 ASP.NET 应用程序等。

使用 Visual Studio.NET 的好处是它提供了下列能够使应用程序开发更快速、简易及可靠的工具：

- 可视化的网页设计器。它能够以拖放方式生成控件，并提供具备语法检查功能的 HTML（代码）视图画面。
- 智能型的代码编辑器。它具备命令语句语法检查及其他的智能感知功能。
- 集成的编译与调试能力。
- 项目管理能力。它能够生成与管理应用程序文件，并将文件部署至本机或远程的服务器。

Visual Studio 的发展经历了许多版本，常用的有 Visual Studio2005、Visual Studio2008、Visual Studio2010 和 Visual Studio2013 等。本书例子采用 Visual Studio2013 开发，Visual Studio2013 系统启动后的界面如图 1-2 所示。

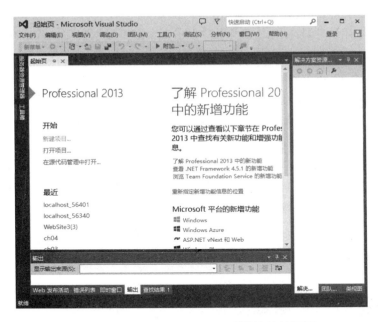

图 1-2　Visual Studio2013 系统的初始界面

1.4　第一个 ASP.NET 程序

ASP.NET 中，一个站点就是一个 Web 应用程序。每个 ASPX 网页中实际上包含两方面的代码：用于定义显示的代码和用于逻辑处理的代码。用于显示的代码包括 HTML 标记以及对 Web 控件的定义等；用于逻辑处理的代码主要是用 C#.NET（或其他语言）编写的事件处理程序。

【例 1-2】下面程序在用户输入姓名并确定后，将显示欢迎信息，运行结果如图 1-3、图 1-4 所示。

在图 1-3 的文本框中输入"小王"，单击"确定"按钮，结果如图 1-4 所示。

图 1-3　运行初始页面

图 1-4　运行结果

1）运行 Visual Studio2013。

2）单击菜单"文件"—"新建"—"网站"命令，如图 1-5 所示。

3）在"新建网站"对话框中，选择"ASP.NET 空网站"选项，设置如图 1-6 所示。

图 1-5　新建网站菜单

图 1-6　"新建网站"对话框

4）单击"确定"按钮，完成 ASP.NET 站点建立，进入到图 1-7 所示的界面。

5）单击菜单"网站"—"添加新项"命令，在弹出的"添加新项"窗口中选中"Web 窗体"，如图 1-8 所示。单击"添加"按钮，在"解决方案资源管理器"窗口的站点 WebSite1 下添加了一个 Default.aspx 窗体文件。

6）在窗口左边打开的"Default.aspx"视图中单击下方的"设计"选项卡，切换到"设计"视图；单击窗口左侧的"工具箱"，从"工具箱"窗口的"标准"选项卡中向设计窗体拖放 1 个 TextBox 控件和 1 个 Button 控件，界面设计如图 1-9 所示。

7）用鼠标选中 Button 控件，在右下角的"属性"窗口，设置 Button 控件的"Text"属性为"确定"，如图 1-10 所示。

设计完成的 Default.aspx 界面如图 1-11 所示。

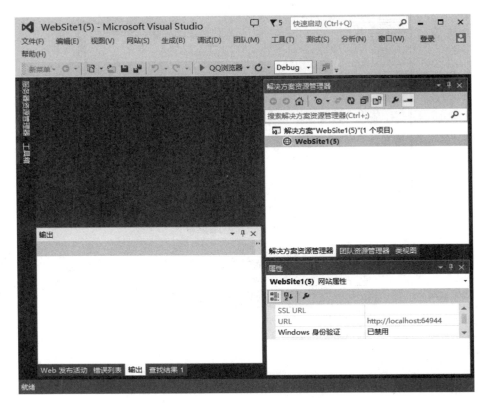

图 1-7　项目初始界面

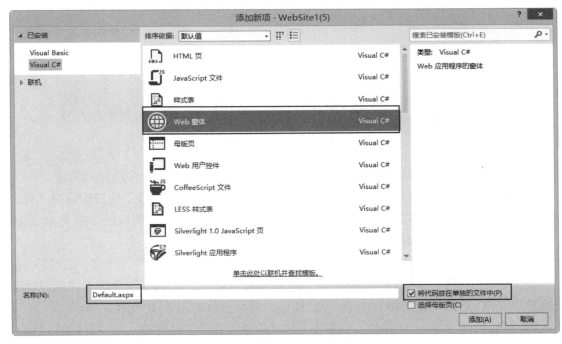

图 1-8　添加一个 Web 窗体

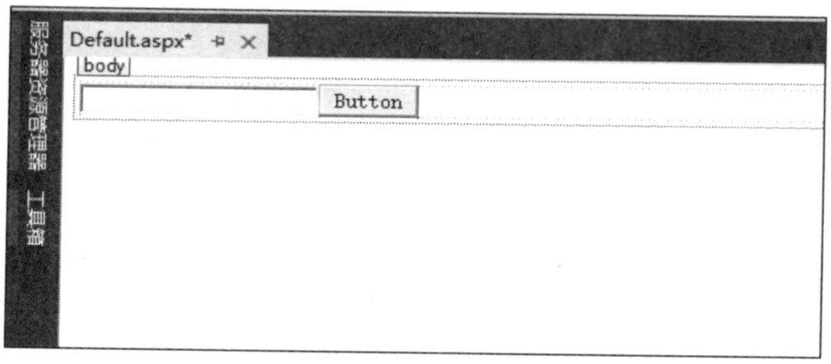

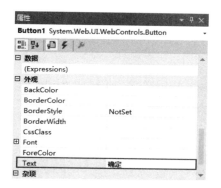

图 1-9　界面设计

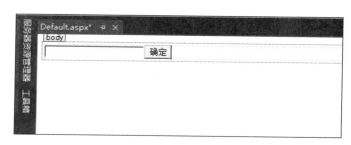

图 1-10　设置控件属性

图 1-11　Default.aspx 界面

8）双击"确定"按钮，切换到代码文件 Default.aspx.cs 的编辑窗口，光标定位于 Button1_Click 方法体中，输入：Response.Write("欢迎你："+TextBox1.Text)；如图 1-12 所示。

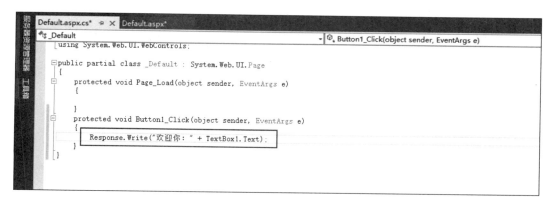

图 1-12　Default.aspx.cs 编辑窗口

9）单击菜单"调试"—"启动调试"命令运行 Web 应用程序，系统提示需要添加一个 Web.config 文件（系统配置文件），如图 1-13 所示，单击"确定"按钮，出现 IE 浏览器窗口，运行结果如图 1-3、图 1-4 所示。

经过以上操作，该页面有两个文件构成：网页文件 Default.aspx 与相应的代码文件 Default.aspx.cs。

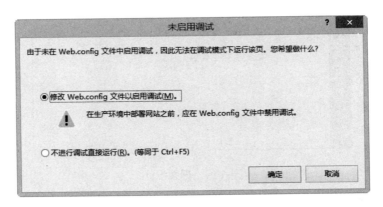

图 1-13　添加 Web.config 文件

（1）Default.aspx 文件

```
<%@ Page Language="C#" AutoEventWireup="true" CodeFile="Default.aspx.cs" Inherits="_Default" %>

<!DOCTYPE html>

<html xmlns="http://www.w3.org/1999/xhtml">
<head runat="server">
<meta http-equiv="Content-Type" content="text/html; charset=utf-8"/>
    <title></title>
</head>
<body>
    <form id="form1" runat="server">
    <div>

        <asp:TextBox ID="TextBox1" runat="server"></asp:TextBox>
        <asp:Button ID="Button1" runat="server" OnClick="Button1_Click" Text="确定" />

    </div>
    </form>
</body>
</html>
```

程序说明：

1）ASP.NET 网页文件的后缀名为 aspx。

2）Button1 控件中的 OnClick="Button1_Click"指定该控件被单击时，执行名为
Button1_Click 的函数。

3）Web 控件的标记前缀是 asp，然后指定 Web 控件的类别名称，如 asp:textbox 和
asp:button。

4）指定 runat 属性为 server，表示控件是在 server 端执行，是一个服务器控件。

5）控件的 id 相当于控件的名字；如果要在代码中引用控件，就要给控件一个 id 属性，

如 textbox 控件的 id 为 TextBox1；而 button 控件在代码中没用到，可以没有 id；但通常大多数服务器控件都有 id。

6）Form 标记在网页内形成"表单"，在 aspx 网页中，如果 Form 内有服务器控件，则 Form 标记中一定要加上 runat="server"。

7）一个页面只能有一个 Form 表单，服务器控件应该放在 Form 表单内。

（2）Default.aspx.cs 文件

```
using System；
using System.Collections.Generic；
using System.Web；
using System.Web.UI；
using System.Web.UI.WebControls；

public partial class _Default : System.Web.UI.Page
{
    protected void Page_Load(object sender, EventArgs e)
    {

    }
    protected void Button1_Click(object sender, EventArgs e)
    {
        Response.Write("欢迎你：" + TextBox1.Text);
    }
}
```

程序说明：

下面的语句定义网页类：
```
public partial class_Default:System.Web.UI.Page
  {
    …
  }
```

表明网页是一个类，派生于 System.Web.UI.Page 基类。在类的定义中修饰词"partial class"代替了传统的"class"，这说明网页是一个"分布式类"。

 提示

什么是分布式类

有的类比较复杂，拥有大量的字段、属性、事件和方法，如果将类的定义都写在一起，文件一定庞大，代码的行数一定很多，不便于理解和调试。为了降低文件的复杂性，C#.NET 2.0 提供了"分布式类"的概念。在分布式类中，允许将类的定义分散到多个代码片段中，而这些代码片段又可以存放到两个或两个以上的源文件中，每个文件只包括类定义的一部分。只要各文件中使用了相同的命名空间，相同的类名，而且每个类的定义前面都加上 partial 修饰符，编译时编译器就会自动将这些文件编译到一起，形成一个完整的类。

1.5 ASP.NET 页面的结构

ASP.NET 页面结构包括：服务器端注释、指令、代码声明块、代码实施块。

1. 服务器端注释

在 ASP.NET 页面中可以使用服务器端注释，包括注释、服务器端注释说明文档，也可防止服务器代码和静态内容执行或呈现。服务器端注释以<%--开始，以--%>结束，如下所示：

```
<%--    这是一个注释    --%>
```

2. 指令

指令指定了 ASP.NET 页面是如何编译的。指令以字符串<%@开头，以字符串%>结束。最频繁使用的指令是 Page 指令和 Import 指令。

Page 指令用于指定页面的默认编程语言。例如，如果想将 ASP.NET 页面的编程语言指定为 C#，可用页面指令的 language 属性，如下所示：

```
<% @ Page Language="C#" %>
```

Import 指令用于给 Web 应用程序引入另外的命名空间。例如，如果想从 ASP.NET 页面访问数据库，那么需要显式导入 System.Data 名称空间，需要使用如下 Import 指令：

```
<%@ Import Namespace="System.Data" %>
```

3. 代码声明块

可以在 Web 应用程序的代码后置文件或在.aspx 文件中添加应用程序逻辑。如果想在 aspx 文件中添加应用程序逻辑，需要在代码声明块中编写应用程序逻辑。代码声明块包含 ASP.NET 页面的应用程序逻辑和全局变量声明及函数。如下在 aspx 文件指定一个代码声明块：

```
<script language="C#" runat="server">   //代码声明块开始
    void ShowMsg( )                       //名为 ShowMsg 的用户定义方法
  {
   Response.Write("ASP.NET 教程");
  }
</script>                                  //代码声明块结束
```

其中 language="C#"指定<script>标记中使用的是 C#语言。

4. 代码实施块

如果要执行 ASP.NET 页面的 HTML 内容里的代码，就需要使用代码实施块。有两种类型的代码实施块：代码段以字符串<%开始，以字符串%>结束，用于可执行一条语句或一系列语句；表达式以字符串<%=开始，以字符串%>结束，用于显示变量或方法的值。

【例1-3】下面程序演示了代码实施块，运行结果如图1-14所示。

（Inline.aspx）

图1-14　例子Inline.aspx的运行结果

```
<% @ Page Language="C#" %>
<form runat="Server">
    <%-- 使用代码段声明字符串变量 str 并对其赋值--%>
    <% string str="好消息!"; %>
    str 的值是：
    <%-- 使用表达式，显示字符串 str  --%>
    <%=str%>
</form>
```

1.6　ASP.NET 页面的生命周期事件

ASP.NET 使用一个事件驱动编程模型。该模型定义了一个事件序列，这些事件在页面的生命周期中被依次引发，顺序为 Init→Load→控件事件→Unload，这些事件见表1-1。

表1-1　页面的事件

事　　件	引发的时机
Init	页面初始化时
Load	页面载入内存时
控件事件	响应用户操作，如鼠标点击
Unload	页面从内存中卸载时

对每个引发的事件，可能需要完成一些任务。可以在称为事件处理过程中编写代码。例如，可以在 Web 页面的 Init 或 Load 事件中编写页面初始化代码。Page_Init 是页面的 Init 事件的事件处理器，而 page_Load 是页面的 Load 事件的事件处理器。

在 page_Load 的事件处理过程中，可以读取或者重置页面的属性和控件的属性，根据 IsPostBack 属性判定页面是否为第一次被请求、执行数据绑定等。IsPostBack 属性为 false 表明页面是被第一次显示，为 true 表明页面被请求后返回（PostBack）的结果值。

在 Init 和 Load 事件之后，页面才运行用户产生的事件代码，如提交按钮的单击事件。

最后，当用户关闭页面或退出浏览器时，页面从内存中卸载，并且引发 Unload 事件。

【例1-4】下面例子演示了页面的各个事件，运行初始效果如图1-15所示，单击"确定"按钮后，效果如图1-16所示。

图 1-15 第一次加载的页面

图 1-16 单击 Button 按钮后的页面

1）运行 Visual Studio2013。

2）新建 ASP.NET 空网站。

3）添加一个 Web 窗体 Default.aspx，从窗口左侧的"工具箱"向 Default.aspx 设计窗体拖放 1 个 Button 控件。

4）编写代码。

（Default.aspx.cs）

```
using System;
using System.Collections.Generic;
using System.Web;
using System.Web.UI;
using System.Web.UI.WebControls;

public partial class _Default : System.Web.UI.Page
{
    protected void Page_Load(object sender, EventArgs e)
    {
        if (!IsPostBack)
        {
            Response.Write("这是第一次 Load(Load 事件)");
            Response.Write("<BR>"); //换行
        }
```

```
        else
        {
            Response.Write("这是 PostBack 后的 Load(Load 事件)");
            Response.Write("<BR>"); //换行
        }

    }
    protected void Button1_Click(object sender, EventArgs e)
    {
        Response.Write("欢迎您！(Click 事件)");
        Response.Write("<BR>");

    }
}
```

5）按<F5>键运行 Web 应用程序。

程序说明：

1）Page_Load( )、Button1_Click( )分别为响应 Load、单击 Button 事件的函数，其中 Page_Load( )函数的声明方式由系统决定，函数名及参数等都不能改动。

2）事件的顺序：

第一次运行 PageLoad.aspx 时，页面如图 1-15 所示，可以看出，运行了页面的 Load 事件。

单击 Button 按钮时，页面提交给服务器，运行后产生新的页面返回，这个过程为 PostBack。值得注意的是，从图 1-16 可以看出，单击 Button 按钮时，并不是仅仅执行单击 Button 的响应函数 Button1_Click()，而是先后执行了 Load、单击 Button 事件的函数，这也说明了页面的生命周期中依次引发 Load→控件事件，由于 Unload 事件不能用 Response 来输出，因而这个例子中未能体现 Unload 事件。

3）在 Page_Load( )函数中，如果!IsPostBack 为 true，说明不是 PostBack 时加载的页面，即表示为第一次加载页面。因此，例子中，第一次加载时，!IsPostBack 为 true，Page_Load( )函数输出"这是第一次 Load（Load 事件）"；单击 Button 按钮后执行 Page_Load( )函数输出"这是 PostBack 后的 Load（Load 事件）"。

在以后的程序中，Page_Load 通常采用以下形式：

```
void Page_Load(Object Sender, EventArgs e)
{
    if (!IsPostBack){
    //此处执行仅在第一次请求时运行一次的初始化代码
        }
    //此处执行每次加载页面都需运行的初始化代码
}
```

1.7　本书例子的数据库

本书的数据库服务器系统采用 SQL Server2005，数据库名为 demo，数据库配置登录名为 sa，口令为 123。例子中用到的表主要为 users（用户）表、books（图书）表与 category（类别）表，分别如图 1-17、图 1-18 和图 1-19 所示。

表 - dbo.Users

列名	数据类型	允许空
UserID	int	☐
UserName	nvarchar(50)	☐
Sex	nvarchar(2)	☑
Password	nvarchar(50)	☑
RealName	nvarchar(50)	☑
Email	nvarchar(50)	☑
Question	nvarchar(100)	☑
Answer	nvarchar(50)	☑
address	nvarchar(50)	☑
postcode	nvarchar(50)	☑
tel	nvarchar(50)	☑
		☐

图 1-17　users（用户）表

表 - dbo.books

列名	数据类型	允许空
bookID	int	☐
ISBN	varchar(50)	☑
bookName	varchar(50)	☑
bookImage	varchar(50)	☑
categoryID	int	☑
author	varchar(50)	☑
price	money	☑
description	varchar(200)	☑
		☐

图 1-18　books（图书）表

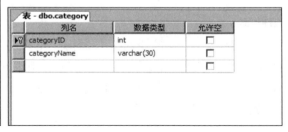

表 - dbo.category

列名	数据类型	允许空
categoryID	int	☐
categoryName	varchar(30)	☐
		☐

图 1-19　category（类别）表

习　题

1. 什么是静态网页？什么是动态网页？
2. 简述对 ASP.NET 的事件驱动机制的理解。
3. 简述页面的事件序列、事件触发时机及顺序。
4. IsPostBack 的作用是什么？

第 2 章

C#语言基础

Chapter

02

本章目标

➢ 变量

➢ 数据类型

➢ 运算符

➢ 程序流程控制

➢ 方法

➢ 类与对象

2.1 C#语言简介

C#从 C 和 C++语言演化而来，是 Microsoft 专门为使用.NET 平台而创建的。使用 C#开发应用程序比使用 C++简单，因为其语法比较简单，而且 C#是一种强大的语言，在 C++中能完成的任务在 C#中也能完成。

C#的优点是专门为.NET Framework 而设计的语言。要使语言如 VB.NET 尽可能类似于其以前的语言，且仍遵循 CLR，就不能完全支持.NET 代码库的某些功能。但 C#能使用.NET Framework 代码库提供的每种功能。

C#可以开发各种类型应用程序，通常用于开发下列应用程序：

● Windows 应用程序。这些应用程序如 Microsoft Office，有大家很熟悉的 Windows 外观和操作方式，使用.NET Framework 的 Windows Forms 模块就可以生成这种应用程序。

● Web 应用程序。Web Forms 可以创建 ASP.NET 应用程序，即 Web 应用程序，可以通过任何 Web 浏览器查看。

● Web 服务。这是创建各种分布式应用程序的新方式，使用 Web 服务可以通过 Internet 虚拟交换数据。

2.2 变量

变量用来存储程序中需要处理的数据，可以把变量看作是在内存中存储数据的盒子。在其他程序设计语言中，几乎都要求程序设计人员在使用变量之前定义变量的数据类型，因为不同数据类型的变量所需要的内存空间是不一样的，比如，字节型变量需要 8 位的空间，短整型变量需要 16 位的空间等。

命名变量时，应遵循下列规则：

- 变量名必须以字母开头。
- 变量名只能由字母、下划线和数字组成，不能包括空格、标点等。
- 变量名不能与 C#的关键字、库函数同名。

变量声明基本语法如下：

变量类型　变量名

例如：

```
int   age;              //声明一个整型变量 age
bool  isTeacher;        //声明一个布尔类型变量 isTeacher
string sql;             //声明一个字符串变量 sql
```

以下是几个不合法命名的例子：

```
char 2abc;       //不合法，以数字开头
float   class;   //不合法，与关键字同名
decimal  Main;   //不合法，与库函数同名
```

为增强代码的可读性，命名变量时，要考虑名字的清晰性，变量名是给人看的，一个好的变量名能够让人迅速了解变量的作用。例如，sabc 就不是一个好的变量名，而 studentName 就是一个比较好的变量命名。

2.3 数据类型

1. 整数类型

整数类型的取值范围见表 2-1。

表 2-1 整数类型的取值范围

类 型 名	说 明	数 据 范 围
sbyte	8 位带符号整数	−128 至 127
byte	8 位无符号整数	0 至 255
short	16 位带符号整数	−32768 至 32767
ushort	16 位无符号整数	0 至 65535
int	32 位带符号整数	−2147483648 至 2147483647
uint	32 位无符号整数	0 至 4294967295
long	64 位带符号整数	−9223372036854775808 至 9223372036854775807
ulong	64 位无符号整数	0 至 18446744073709551615

2. 布尔类型

布尔类型是用来表示真和假,只有两种取值:真或假;在 C#中可以把 true 或 false 赋给布尔类型变量,也可以把一个逻辑表达式赋给布尔类型变量。例如:

```
bool   isTeacher=true;
bool   b=(8<5);      //b 值结果为假(false)
```

3. 浮点类型

小数在 C#中采用两种数据类型来表示:单精度 float 和双精度 double,它们的差别在于取值范围和精度不同。计算机对浮点数的运算速度大大低于对整数的运算,在对精度要求不是很高的浮点数计算中,可以采用 float 型,而采用 double 型获得的结果将更为精确。当然如果在程序中大量地使用双精度型浮点数将会占用更多的内存单元,而且计算机的处理任务也将更加繁重。

4. 字符类型

除了数字以外计算机处理的信息主要就是字符了,C#的 char 类型为双字节型,它的数据可以占有 2 个字节。以下方法是给一个字符变量赋值:

```
char c = 'A';
```

C#中用转义符在程序中指代特殊的控制字符。C#的转义字符见表 2-2。

表 2-2　C#的转义字符

转　义　字　符	代　表　意　义
\'	单引号
\"	双引号
\\	反斜杠
\a	感叹号
\b	退格
\f	换页
\n	换行
\r	回车
\t	水平制表位
\v	垂直制表位

例如,字符串常量"c:\\windows\\system32"的真实含义是路径 c:\windows\system32。C#可以用反转符@去掉反斜杠的转义。例如,字符串常量@ "c:\windows\system32"也表示路径 c:\windows\system32。

5. 枚举类型

枚举 enum 实际上是为一组在逻辑上密不可分的整数值提供便于记忆的符号,比如声明一个代表星期的枚举类型的变量:

```
enum WeekDay{
Sunday, Monday, Tuesday, Wednesday, Thursday, Friday, Saturday
};
WeekDay day;
```

6. string 类

C#还定义了一个基本的类 string，专门用于对字符串的操作。

字符串在实际中应用非常广泛，在类的定义中封装了许多内部的操作，只要简单地加以利用就可以了，可以用加号（＋）合并两个字符串，采用下标从字符串中获取字符等。

```
string String1 = "Welcome";          //定义 string 类型变量
string String2 = "Welcome " + " everyone";    //字符串相加
char c = String1[0];                 //把 String1 中的第一个值 String1[0]赋给字符 c
```

2.4 运算符

运算符是表达进行何种运算的记号，传统的四则运算符就是最基本的运算符。表达式由操作数和运算符组成，表达式的运算符指出了对操作数的操作。

1. 算术运算符

算术运算符专门用于数字运算，运算结果也是数字，在表达式的运算中表达式总是按它们本身书写的顺序求值。C#中提供的算术运算符见表 2-3。

表 2-3　算术运算符

运 算 符	说 明	表达式的例子
+	加法	val=a+b;
−	减法	val=a−b;
*	乘法	val=a*b;
/	除法	val=a/b;
%	求余	val=a%b;
++	递增	val=++a;
−−	递减	val=−−a;

2. 赋值运算符

赋值运算符用于为变量赋值，C#中常用的赋值运算符见表 2-4。如果赋值运算符两边的操作数类型不一致，那就先要进行类型转换。

表 2-4　C#中常用的赋值运算符

运 算 符	说 明	表达式的例子
=	赋值	a=b;
+=	加赋值	a+=b;　//a=a+b;
−=	减赋值	a−=b;　//a=a−b;
*=	乘赋值	a*=b;　//a=a*b;
/=	除赋值	a/=b;　//a=a/b;
%=	求余赋值	a%=b;　//a=a%b;
>>=	左移赋值	a>>=b;　//a=a>>b;
<<=	右移赋值	a<<=b;　//a= a<<b;
&=	与赋值	a&=b;　//a=a&b;
|=	或赋值	a|=b;　//a=a|b;
^=	异或赋值	a^=b;　//a=a^b;

3. 关系运算符

关系运算可以理解为一种判断，判断的结果要么是真要么是假，也就是说关系表达式的返回值总是布尔值。常用的关系运算符见表 2-5。

表 2-5　关系运算符

运　算　符	说　　明	表达式的例子
==	等于	a==b
!=	不等于	a!=b
<	小于	a<b
>	大于	a>b
<=	小于或等于	a<=b
>=	大于或等于	a>=b

4. 逻辑运算符

C#语言提供了三种逻辑运算符：&& 逻辑与、|| 逻辑或、! 逻辑非。

其中逻辑与和逻辑或都是二元运算符，要求有两个操作数，而逻辑非为一元操作符，只有一个操作数，它们的操作数都是布尔类型的值或者表达式，操作数为不同的组合时，逻辑运算符的运算结果可以用逻辑运算的真值表来表示，见表 2-6。

表 2-6　真值表

a	b	!a	a&&b	a||b
true	true	false	true	true
true	false	false	false	true
false	true	true	false	true
false	false	true	true	false

如果表达式中同时存在着多个逻辑运算符，逻辑非的优先级最高，逻辑与的优先级高于逻辑或。

在熟练地掌握逻辑运算符和关系运算符以后，就可以使用逻辑表达式来表示各种复杂的条件。例如，给出一个年份，要判断它是不是一个闰年，闰年的条件是 400 的倍数，或者是 4 的倍数但不是 100 的倍数，设年份为 year，是否是闰年就可以用一个逻辑表达式来表示：

(year % 400)==0 || ((year % 4)==0 && (year % 100)!=0)

5. 位运算符

任何信息在计算机中都是以二进制的形式保存的，位运算符就是对数据按二进制位进行运算的运算符，C#语言中的位运算符见表 2-7。

表 2-7　位运算符

运　算　符	说　　明	表达式的例子
<<	左移	a<<b
>>	右移	a>>b
&	与	a&b
|	或	a|b
^	异或	a^b
~	非	~a

6. 三元运算符

三元运算符（?:）有时也称为条件运算符。对条件表达式 b? x: y，先计算条件 b 然后进行判断，如果 b 的值为 true 则运算结果为 x 的值，否则运算结果为 y 的值。例如：

```
x=(10>30)?1:0;        //因为 10>30 为假，所以结果 x 值为 0
x=(10<30)?1:0;        //因为 10<30 为真，所以结果 x 值为 1
```

7. new 运算符

new 运算符用于创建一个新的类型实例。例如：

```
ArrayList   lst = new ArrayList();   //创建一个 ArrayList 类的对象
int[]    arr = new int[10];          //创建一个数组实例
```

8. 运算符的优先级

当一个表达式包含多种运算符时，运算符的优先级控制着单个运算符求值的顺序。例如，表达式 x+y*z 按照 x+（y*z）求值，因为*运算符比+运算符有更高的优先级，这和数学运算中的先乘除后加减是一致的。

在实际编程过程中，如果对运算符的优先级不甚熟悉，则应使用加括号"（）"的手段明确指定运算次序。

2.5 程序流程控制

到目前为止我们编写的程序还只能按照编写的顺序执行，然而实际生活中并非所有的事情都是按部就班地进行，程序也是一样。为了适应实际情况，经常需要转移或者改变程序执行的顺序，达到这些目的的语句叫作流程控制语句。和大多数编程语言相似，C#可以通过流程控制语句控制程序的流程，流程控制语句有：

- 条件语句 if、switch。
- 循环语句 while、do…while、for、foreach。
- 跳转语句 break、continue。

2.5.1 条件语句

当程序中需要进行两个或两个以上的选择时，可以根据条件判断来选择将要执行的一组语句，C#提供的选择语句有 if 语句和 switch 语句。

1. if 语句

if 语句是最常用的选择语句，它根据布尔表达式的值来判断是否执行后面的内嵌语句。格式如下：

```
if(条件表达式)
{语句块 1   //要处理的程序}
[else{语句块 2//要处理的程序}]
```

此结构中，else 部分是可选的。if 语句的执行过程为：首先判断条件表达式的值，如果为 true，则执行后面的语句块 1；如果为 false，则执行后面的语句块 2。

if 语句可以嵌套使用，即在判断之中又有判断。

【**例 2-1**】运用 if 语句进行判断，根据几点钟判断上午还是下午，运行结果如图 2-1 所示。

图 2-1　使用 if 语句

1）运行 Visual Studio2013。

2）新建 ASP.NET 空网站。

3）添加一个 Web 窗体 ifDemo.aspx。

4）为 ifDemo.aspx.cs 的 Page_Load 事件编写代码。

```
protected void Page_Load(object sender, EventArgs e)
{
    int    iHour = 13;
    if (iHour < 12)
    {
        Response.Write("上午好！");
    }
    else
    {
        Response.Write("下午好！");
    }

}
```

2．switch 语句

switch 语句用于多分支选择。如果想把一个变量或表达式与许多不同的值进行比较，并根据不同的比较结果执行不同的程序段，应用 switch 语句就会使程序结构简明清晰。格式如下：

```
switch(测试表达式)
{
    case 值 1：要处理的语句块 1；
    case 值 2：要处理的语句块 2；
…
    default：默认的语句块 n；
}
```

执行 switch 语句时，首先计算测试表达式的值，然后将该值与 case 后面的常量表达式的值比较，执行匹配的 case 分支语句。如果没有匹配的 case 分支，则执行 default 分支语句。switch 语句中最多只能有一个 default 分支语句。

【**例 2-2**】使用 switch 语句，根据数字输出对应的星期几，程序的运行结果如图 2-2 所示。

图 2-2　使用 switch 语句

1）运行 Visual Studio2013。

2）新建 ASP.NET 空网站。

3）添加一个 Web 窗体 switchDemo.aspx。

4）为 switchDemo.aspx.cs 的 Page_Load 事件编写代码。

```csharp
protected void Page_Load(object sender, EventArgs e)
{
    String str = "";
    int i = 5;
    switch (i)
    {
        case 3:
            str = "星期三"; break;
        case 4:
            str = "星期四"; break;
        case 5:
            str = "星期五"; break;
        default:
            str = "其他"; break;
    }
    Response.Write(str);

}
```

2.5.2 循环语句

循环语句可以实现一个程序模块的重复执行，它对于简化程序更好地组织算法有着重要的意义，C#提供了以下四种循环语句，分别适用于不同的情形。

- while 语句。
- do…while 语句。
- for 语句。
- foreach 语句。

1. while 语句

while 语句有条件地将内嵌语句执行 0 遍或若干遍，语句的格式为：

while (条件)
{
循环体
}

while 语句的执行过程为：首先判断条件是否成立，如果成立（为 true），则执行循环中的语句；否则，退出循环。

【例 2-3】使用 while 循环输出随机数，直到随机数等于 6 停止循环，程序的运行结果如图 2-3 所示。

图 2-3 使用 while 循环输出随机数

1）运行 Visual Studio2013。

2）新建 ASP.NET 空网站。

3）添加一个 Web 窗体 whileDemo.aspx。

4）为 whileDemo.aspx.cs 的 Page_Load 事件编写代码。

```
protected void Page_Load(object sender, EventArgs e)
{
    Random r = new Random( );
    int x = 0;
    string msg = "";
    while (x != 6)
    {
        x = Convert.ToInt32(r.Next(6)) + 1;
        msg = msg + x + "  ";
    }
    Response.Write(msg);

}
```

该程序中语句 Random r = new Random( )生成一个 Random 类对象，Random 类对象的 Next(6)返回不大于 6 的随机数。

2. do…while 语句

do…while 语句与 while 语句基本类似，不同点在于其条件测试要在每次循环体执行后进行，所以，无论是否满足条件，至少执行一次循环体。格式如下：

```
do
{
循环体
}
while(条件);        //注意语句后面的分号不可缺少
```

【例 2-4】使用 do…while 语句计算从 0 到 100 的和，程序的运行结果如图 2-4 所示。

1）运行 Visual Studio2013。

2）新建 ASP.NET 空网站。

3）添加一个 Web 窗体 doWhile.aspx。

4）为 doWhile.aspx.cs 的 Page_Load 事件编写代码。

图 2-4　用 do…while 语句计算从 0 到 100 的和

```
protected void Page_Load(object sender, EventArgs e)
    {
        int sum = 0;   //总和初始值设置为 0
        int i = 1;     //循环数初始值为 1
        do
```

```
        {
            sum += i;
            i++;
        } while (i <= 100);
        Response.Write("从 0 到 100 的和是:" + sum);


    }
```

3. for 语句

for 语句执行一个语句或者一个语句块,直到指定的条件表达式的值为 false 为止。在先知道循环次数的情况下,使用 for 循环是比较方便的。格式如下:

for([初始化表达式];[条件表达式];[更新表达式])

{

循环体

}

for 循环语句的执行过程为:

1)当 for 循环开始执行时,首先计算初始化表达式。

2)计算条件表达式的值,如果条件成立(为 true),则执行循环体中的语句;否则,跳出循环,转去执行 for 循环的后续语句。

3)当执行完循环体中的语句后,计算更新表达式的值,转回 2)。

【例 2-5】用 for 语句输出从 0 到 9 的数字,程序的运行结果如图 2-5 所示。

1)运行 Visual Studio2013。

2)新建 ASP.NET 空网站。

3)添加一个 Web 窗体 forDemo.aspx。

4)为 forDemo.aspx.cs 的 Page_Load 事件编写代码。

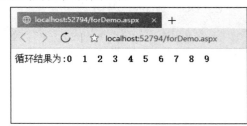

图 2-5　用 for 语句输出从 0 到 9 的数字

```
        protected void Page_Load(object sender, EventArgs e)
        {
            string msg = "";
            for (int i = 0; i < 10; i++)
                msg = msg + i + " ";
            Response.Write("循环结果为:<B>" + msg + "</B>");


        }
```

4. foreach 语句

foreach 语句常用在数组和集合中对元素进行迭代。它是将集合中的每一个项目代入变量中进行处理。当然,变量也是根据集合项目的类型进行声明的。格式如下:

foreach(对象类型 变量 in 集合)

{

　循环体

　　}

循环中的语句块每次执行时，对象类型变量都会更新，指向集合中的下一个元素，从而简化循环体内的代码。在这里循环变量是一个只读型局部变量，如果试图改变它的值，将引发编译时错误。

【例 2-6】用 foreach 语句输出 0 到 4 的平方值，程序的运行结果如图 2-6 所示。

1）运行 Visual Studio2013。

2）新建 ASP.NET 空网站。

3）添加一个 Web 窗体 foreachDemo.aspx。

4）为 foreachDemo.aspx.cs 的 Page_Load 事件编写代码。

图 2-6　用 foreach 语句
输出 0 到 4 的平方值

```
protected void Page_Load(object sender, EventArgs e)
{
    //声明 5 个元素的数组
    int[ ] arr = new int[5];
    //用 for 循环给数组赋值
    for (int i = 0; i < arr.Length; i++)
        arr[i] = i * i;
    //用 foreach 循环输出数组的元素
    foreach (int x in arr)
        Response.Write("值为:<B>" + x + "</B><br>");

}
```

2.5.3　跳转语句

跳转语句用于将程序的执行控制从一个位置转移到另一个位置。常用的跳转语句有 break、continue。

1）break 语句　用于终止它所在的最近的封闭循环或条件语句。格式如下：

```
break;
```

2）continue 语句　用于结束当前的重复过程，返回循环语句的开始处，即让循环提前进入到下一次。格式如下：

```
continue;
```

【例 2-7】continue 语句和 break 语句的使用，运行结果如图 2-7 所示。

1）运行 Visual Studio2013。

2）新建 ASP.NET 空网站。

图 2-7　continue 语句和 break
语句的使用

3）添加一个 Web 窗体 continueDemo.aspx。

4）为 continueDemo.aspx.cs 的 Page_Load 事件编写代码。

```
<%@ Page Language="C#" %>
<%
    string msg="";
    for (int i = 0; i <100; i++)
    {
        if (i==5)
        continue;        //直接转入下一次循环
        if (i==10)
        break;           //中断循环
        msg=msg+i+" ";
    }
    Response.Write("循环结果为：<B>"+msg+"</B>");
%>
```

程序说明：

上面程序中，建立了一个 100 次的循环，循环中，如果 i 值为 5，则直接转入下一次循环，该循环变量 i 值没有加入消息字符串 msg；如果 i 值为 10，则中断循环。因此输出结果中，没有数字 5，而且到了数字 9 循环就停止了。

2.6　方法

方法是类中用于执行计算或其他行为的成员，类中方法的声明格式如下：

成员访问标识符　返回值类型　方法名称（参数列表）

{

//方法的内容

}

在方法的声明中至少应包括方法名称和返回值类型，参数则不是必需的。成员访问标识符可以是 new、public、protected、internal、private、static、virtual、sealed、override、abstract、extern。

方法的返回值类型可以是合法的 C#的数据类型，C#在方法的执行部分通过 return 语句得到返回值。如果在 return 后不跟随任何值方法返回值是 void 型的。

【例 2-8】定义一个求两数中较大值的方法，然后调用它来求 88、50 中的最大值，程序的运行结果如图 2-8 所示。

1）运行 Visual Studio2013。

2）新建 ASP.NET 空网站。

图 2-8　方法的使用

3）添加一个 Web 窗体 method.aspx。

4）为 method.aspx.cs 编写代码。

```csharp
public partial class method : System.Web.UI.Page
{
    protected void Page_Load(object sender, EventArgs e)
    {
        Response.Write("88、50 中的最大值是：" + max(88, 50));
    }

    public int max(int x, int y)
    {
        if (x > y)
            return x;
        else
            return y;
    }

}
```

程序说明：

程序中，public int max(int x, int y)语句声明了一个 max 函数，其功能是返回两个输入参数 x、y 中的较大值，max(88,50)语句调用 max 函数返回 88、50 中的最大值 88。

2.7 数组

在进行批量处理数据的时候要用到数组，数组是一组类型相同的有序数据，存放在相邻的内存块中。数组按照数组名、数据元素的类型和维数来进行描述。C#中，数组中的元素可以是任何数据类型。

（1）声明数组　数组的声明形式是在类型和数组变量名称之间插入一对方括号，如下所示：

```csharp
int [] myArray;
```

上面语句声明了一个名为 myArray 的变量，它是一个整型数组。

（2）数组的初始化　例如，下面语句声明一个一维整数数组 myArray，并赋初值 1、3、5、7、9。

```csharp
int[] myArray={1,3,5,7,9};
```

（3）数组元素的访问　可以通过下标来访问数组中的各个数组元素。数组元素的下标从 0 开始，即第一个元素 i 对应的下标是 0，后面逐个递增。例如：

```csharp
int value=myArray[0];        //value 为数组中第一个元素的值，即 1
```

数组中常用的一个属性就是 Length，可以通过这个属性知道数组中有多少个元素。例如，下面语句将数组 myArray 的元素个数赋给变量 ArrayLen。

    int ArrayLen=myArray.Length;

在 C#中数组可以是一维的，也可以是多维的。

【例 2-9】创建了一个 int 型的一维数组并逐项赋值，运行结果如图 2-9 所示。

1）运行 Visual Studio2013。

2）新建 ASP.NET 空网站。

3）添加一个 Web 窗体 array.aspx。

4）为 array.aspx.cs 的 Page_Load 事件编写代码。

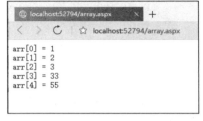

图 2-9　数组的使用

```csharp
protected void Page_Load(object sender, EventArgs e)
{
    //声明一个有 5 个元素的数组
    int[ ] arr = new int[5];
    //为数组的各元素赋值
    arr[0] = 1;
    arr[1] = 2;
    arr[2] = 3;
    arr[3] = 33;
    arr[4] = 55;
    //用循环输出数组的所有元素
    for (int i = 0; i < arr.Length; i++)
        Response.Write(String.Format("arr[{0}] = {1}<br>", i, arr[i]));
}
```

2.8　面向对象设计基础

2.8.1　对象的概念

在日常生活中，对象是指可辨识的一种实体，如汽车、房子、书、文档和支票等。现实世界的对象有特征和行为，例如，"汽车"对象的一部分特性为：颜色、重量、型号、车轮数目、发动机功率；"汽车"能够执行的动作是：启动、行驶、加速、倒车。

2.8.2　类的概念

在现实世界中，不同的事物分属不同的类，如狗属于宠物类，龙虾属于海鲜类。在编程时，将相似的对象或具有相同特性的对象归为一个类，每个类用来描述一组相似的对象。

类的基本要素包括数据和方法。

1）数据表示对象的特性，如一个类中的每个人都有姓名、年龄，并可能有一份工作。这些是类中的所有人具有的相同特性。

2）方法是类中的所有对象执行某些共同动作或操作，如人有走的动作、鱼有游的动作、电视机可以有播放的动作。在编程时，必须以程序化的方式在相应的类中表示对象拥有的动作。

如果使用蓝图做比喻，那么类就是蓝图，对象就是基于该蓝图的建筑。类定义的对象将拥有该类对象相似的特征。每个对象称为它的类的实例，如在称为"人"的类中，具体的个人（如张三、李四、王二等）都是对象。

2.8.3 定义类

在类定义中需要使用关键字 class，其简单的定义格式为：

[访问修饰符] class 类名称[: [基类] [，接口序列]]

```
{
    [字段声明]
    [构造函数]
    [方法]
    [事件]
}
```

其中，[ ]中的内容可省略。

在类的定义中，包含有各种类成员，概括起来类的成员有两种：存储数据的成员与操作数据的成员。存储数据的成员叫"字段"，"字段"是类定义中的数据，也叫类的变量；操作数据的成员又有很多种，如"属性""方法""构造函数"，方法实质上就是函数，通常用于对字段进行计算和操作，即对类中的数据进行操作，以实现特定的功能。

例如，定义一个学生类，学生类有姓名、学号、课程成绩信息。

```csharp
using System;
class Student
{
    public string studentNO;
    public string studentName;
    public int[ ] grades = new int[2];
    public void introduce( )
    {
        Console.WriteLine("我的学号是" + studentNO);
        Console.WriteLine("我的名字是" + studentName);

    }
    public double getAverage( )
    {
        return (grades[0] + grades[1]) / 2.0;

    }

}
```

2.8.4 使用类

类定义好后，要使用类，步骤如下。

（1）声明对象　声明对象的格式为：

类名　对象名;

例如，下面语句声明一个 Student 的对象 stu：

Student stu;

（2）实例化对象　对象是类的实例，可以使用类中提供的方法。创建类的对象的操作，被称为类的实例化。用 new 关键字来创建对象。实例化的语法格式：

对象名=new 类名(参数);

例如，下面语句声明并创建了一个 Student 的对象 stu：

Student stu = new Student();

（3）使用对象　访问对象实质是访问对象成员，访问对象成员使用""运算符。例如：

```
stu.studentName = "张三";
stu.studentNO = "201101";
stu.grades[0] = 80;
stu.grades[1] = 60;
```

【例 2-10】定义一个学生类，然后创建一个学号、姓名为 201101、张三，两门课成绩分别为 80、60 的学生，并输出相关信息，效果如图 2-10 所示。

图 2-10　【例 2-10】运行效果

1）运行 Visual Studio2013。

2）新建 ASP.NET 空网站。

3）单击菜单"网站"—"添加新项"命令，弹出"添加新项"对话框，在列表选中"类"选项，输入类名 Student.cs，如图 2-11 所示；单击"添加"按钮，弹出如图 2-12 所示窗口，单击"是"按钮。

图 2-11　添加类

图 2-12 提示把类文件放在 App_Code 文件夹

4）打开 Student.cs，编写代码。

```
using System;
class Student
{
    public string studentNO;
    public string studentName;
    public int[] grades = new int[2];
    public void introduce( )
    {
        Console.WriteLine("我的学号是" + studentNO);
        Console.WriteLine("我的名字是" + studentName);

    }
    public double getAverage( )
    {
        return (grades[0] + grades[1]) / 2.0;

    }

}
```

5）添加一个 Web 窗体 classDemo.aspx。

```
protected void Page_Load(object sender, EventArgs e)
{
    Student stu = new Student( );
    stu.studentName = "张三";
    stu.studentNO = "201101";
    stu.grades[0] = 80;
    stu.grades[1] = 60;
    stu.introduce( );
    Response.Write( stu.studentName+"的平均成绩：" + stu.getAverage( ));
}
```

2.8.5 构造函数

构造函数是一个特殊的方法，用于在建立对象时进行初始化的动作，每当创建一个对象时，都会先调用类中定义的构造函数。使用构造函数的好处是它能够确保每一个对象在被使用之前都适当地进行了初始化的动作。

构造函数还具有以下特点：

- 每个类至少有一个构造函数。若程序代码中没有构造函数则系统会自动提供一个默认的构造函数。
- 构造函数总是和它的类名相同。
- 构造函数不允许有返回类型（包括 void 类型）。

如果在类中不定义构造函数，系统会提供一个默认的构造函数，默认构造函数没有参数。对于类中的数据成员变量，如果声明变量的时候没给变量赋初始值，默认构造函数自动对其初始化，变量默认初始值见表 2-8。

表 2-8　变量默认初始值

变 量 类 型	默认初始值
任何数值类型	0（0.0）
string	空字符串
object	null
boolean	false
Date	01/01/01 午夜

注意如果声明了构造函数，系统将不再提供默认构造函数，不会自动对数据成员变量进行初始化，这种情况下创建对象时，要求程序员自己对数据成员变量初始化。

【例 2-11】为 Student 类增加一个构造函数，运行效果如图 2-13 所示。

1）运行 Visual Studio2013。

2）新建 ASP.NET 空网站。

3）添加一个类 Student2.cs，编写代码。

```
public class Student2
{
    public string studentNO;
    public string studentName;
    public int[] grades = new int[2];

    public Student2()
    {
    }

    public Student2(string studentNO, string studentName)
    {
        this.studentNO = studentNO;
        this.studentName = studentName;

    }

    public void introduce()
    {
        Console.WriteLine("我的学号是" + studentNO);
        Console.WriteLine("我的名字是" + studentName);
```

图 2-13　【例 2-11】运行效果

```
        }
        public double getAverage( )
        {
            return (grades[0] + grades[1]) / 2.0;

        }

    }
```

4）添加一个 Web 窗体 classDemo2.aspx，为 classDemo2.aspx.cs 编写代码。

```
        protected void Page_Load(object sender, EventArgs e)
        {
            Student2 stu = new Student2("201101", "张三");
            stu.grades[0] = 80;
            stu.grades[1] = 60;
            stu.introduce( );
            Response.Write("平均成绩：" + stu.getAverage( ));
        }
```

 提示

本例中 Student 类有两个构造函数，名字都为 Student，称之为构造函数的重载。

2.8.6　方法重载

实现用同名的方法对不同类型的数据做不同的运算，就称为方法重载。其实，大家非常熟悉的 Console 类之所以能够实现对字符串进行格式化的功能，就是因为它已定义了多个重载的成员方法：

```
    public static void WriteLine ( ) ;
    public static void WriteLine(int);
    public static void WriteLine(float);
    public static void WriteLine(long);
```

这样程序代码就会显得相对较简单，在编写程序时就不用为不同类型的数据去考虑使用哪一种方法名。

当在程序中要调用重载方法时，C#匹配重载方法的依据有以下三个方面：

1）参数表中的参数类型。

2）参数个数。

3）参数顺序。

所以在定义重载方法时，所有重载的方法都必须与上述内容不同，否则将出错。例如，在定义重载方法时，如果两个方法具有相同的参数列表，而只是返回值的类型不同，则编译时会出错。下面两个函数不是重载，编译不能通过。

```
    public void print ( int x)
    public int print(int x)
```

【例 2-12】编写求两个整数和两个字符较大值的函数，运行效果如图 2-14 所示。

1）运行 Visual Studio2013。

2）新建 ASP.NET 空网站。

3）添加一个 Web 窗体 method2.aspx。

4）为 method2.aspx.cs 编写代码。

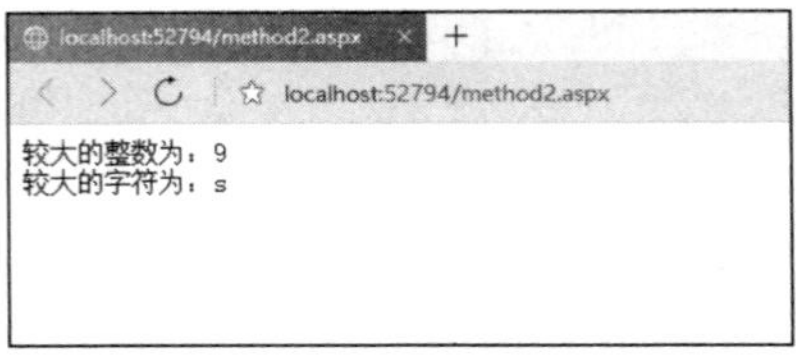

图 2-14 【例 2-12】运行效果

```
public partial class method2 : System.Web.UI.Page
{
    protected void Page_Load(object sender, EventArgs e)
    {
        int i = 5, j = 9;
        Response.Write("较大的整数为：" + Max(i, j));

        Response.Write("<br/>");
        char a = 's', b = 'h';
        Response.Write("较大的字符为：" + Max(a, b));
    }



    public int Max(int x, int y)   //求两个整数较大值
    {
        return x > y ? x : y;
    }
    public char Max(char x, char y) //求两个字符较大值
    {
        return x > y ? x : y;
    }

}
```

2.8.7 类的继承

在现实世界中，经常谈到"张三像他父亲，李四像他母亲"，其实这就是对象之间的继承关系在现实世界的体现。张三像他父亲的含义就是张三继承了他父亲的一些特征。继承关系在现实世界中广泛存在，如动物类可以分为哺乳动物、两栖动物、昆虫、爬行动物，不管怎样分类，哺乳动物、两栖动物、昆虫、爬行动物都会继承动物的基本特征和基本行为，同样对于哺乳动物，不管是猫还是狗，它们都会继承哺乳动物的基本特征。

在面向对象编程中，我们把从另一个类继承数据和方法的类称为子类，被继承的类称为父类。每个子类与父类具有共同的特性，如汽车类中的所有车辆可能都有类似的特性：车轮和发动机。此外，子类可拥有它自己的特定特征，如公共汽车有供人坐的座位，而卡车拥有装货物的空间。

创建派生类要在派生类的名字后面加上冒号"："，后面再跟上基类的名字。创建派生类使用的语法如下：

```
[访问修饰符] class  派生类名称：基类名称
{
        //程序代码
}
```

在 C#中，类的继承遵循以下规则：

- 派生类只能继承于一个基类。
- 派生类继承基类的成员，但不能继承基类的构造函数和析构函数。
- 类的继承可以传递。例如，假设 C 类继承 B 类，B 类又继承 A 类，那么 C 类即具有了 B 类与 A 类的成员。在 C#中，Object 类是所有类的基类，也就是说所有的类都具有 Object 类的成员。
- 派生类是对基类的扩展，派生类定义中可以声明新的成员，但不能消除已继承的基类成员。
- 基类中的成员声明时，不管其是什么访问控制方式，总能被派生类继承，访问控制的不同只决定派生类成员是否能够访问基类成员。
- 派生类定义中如果声明了与基类同名的成员，则基类的同名成员将被覆盖，从而使派生类不能直接访问同名的基类的成员。

【例 2-13】定义一个形状类 Shape 的子类圆形类，运行效果如图 2-15 所示。

1）运行 Visual Studio2013。

2）新建 ASP.NET 空网站。

3）添加一个 Shape 类。

```
public class Shape
{
public string Color;

    public string display()
    {
        return    "颜色为"+ Color;
    }
}
```

图 2-15 【例 2-13】运行效果

4）添加一个 Circle 类。

```
public class Circle:Shape
{
  double radius;      //半径
  public Circle(string color,double radius)
  {
      this.Color=color;
      this.radius=radius;
  }

  public double   getArea()   //计算面积
  {
      return Math.PI*radius*radius;
  }
}
```

5）添加一个 Web 窗体 shapeDemo.aspx，为 shapeDemo.aspx.cs 编写代码。

```
protected void Page_Load(object sender, EventArgs e)
{
    Circle circle = new Circle("red", 3);
    Response.Write("面积为" + circle.getArea());
    Response.Write("<br/>");
    Response.Write(circle.display());
}
```

习　题

1. 怎样在 ASP.NET 程序中加入注释文本？

2. C#语言中有哪几种控制语句？

3. 在构造表达式时，怎样明确指定运算次序？

4. 指出下列语句中的语法错误。
```
int i;
for (i = 1; i <= 10; i++)
{
if ((i % 2) = 0)
continue;
Response.Write(i);
}
```

5. 下列语句有哪些语法错误？
```
string[ ] arr = new string[5]
string[5] = 5th string.
```

6. 写一个程序，把字符串"Hello Word"以相反顺序输出。

7. 下面函数有什么错误？
```
bool Write( )
{
Response.Write("Text output from function.");
}
```

8. 上机调试书中例题。

第 3 章

服务器端控件

Chapter 03

本章目标

➢ 常用服务器端控件

➢ 数据验证控件

3.1 常用服务器端控件

ASP.NET 服务器控件被用来设计 Web 页面的用户界面。服务器控件与 Windows 控件不同，因为它们在 ASP.NET 框架中工作。一旦客户请求 Web 页面，ASP.NET 就将这些控件转换成 HTML 元素，以便在浏览器中显示。

ASP.NET 服务器控件不但有自己的外观，还有自己的数据和方法，大部分组件还可以响应事件。通过微软的集成开发环境（Visual Studio.NET），可以简单地把一个控件拖放到一个 Web 窗体中。

各种 Web 控件有一些共用属性，见表 3-1。

表 3-1　Web 控件的共用属性

属　　性	说　　明
AccessKey	用来指定键盘的快捷键。我们可以指定这个属性的内容为数字或是英文字母，当使用者按下键盘上的<Alt>键再加上我们所指定的键时，表示选择该控件。例如，指定 Web 控件 Button 的 AccessKey 属性为 A，当用户按下<Alt+A>组合键时即等同于按下该 Button
Backcolor	控件的背景色
BorderWidth	控件的边框宽度
BorderStyle	控件的外框样式
Enabled	控件是否激活（有效）。本属性的默认值是 True，如要让控件失去作用，只要将控件的 Enabled 属性值设为 False 即可
Font	控件的字体
Height	控件的高度，单位是 pixel（像素）
Width	控件的宽度，单位是 pixel（像素）
TabIndex	当用户按下<Tab>键时，Web 控件接收驻点的顺序，如果这个属性没有设定的话就是默认值零。如果 Web 控件的 TabIndex 属性值一样的话，则是以 Web 控件在 ASP.NET 网页中被配置的顺序来决定
ToolTip	有设定本属性时，当用户鼠标停留在 Web 控件上时就会出现提示性文字
Visible	控件是否可见。设定该属性为 False 时，控件就不可见

3.1.1　Label 控件

Label Web 服务器控件为开发人员提供了一种以编程方式设置 Web 窗体页中文本的方法。通常当希望在运行时更改页面中的文本时就可以使用 Label 控件；当希望显示的内容不可以被用户编辑时，也可以使用 Label 控件。其使用语法为：

```
<asp:Label id="Label1"    runat="Server">显示的文字</asp:Label>
```

【例 3-1】用 Label 控件显示文字，运行结果如图 3-1 所示。

（Label.aspx）

```
<%@ Page Language="C#" %>

<asp:Label id="Label1"    runat="Server"/>
<Script Language="C#" runat="Server">
  void Page_Load(Object Sender, EventArgs e)
{
      Label1.Text="ASP.NET程序设计 ";
 }
</Script>
```

图 3-1　用 Label 控件显示文字

3.1.2　Button 控件

Button 控件用于接收 Click 事件，并执行相应的事件程序。通过使用 form 的 defaultbutton 属性指定按钮的 ID，可以设置 aspx 页面的默认按钮。

Button 控件的 OnClientClick 属性可用于执行客户端语句或函数。

【例 3-2】使用 Button 控件的 OnClientClick 属性。（ButtonDemo.aspx）

1）运行 Visual Studio2013。

2）新建 ASP.NET 空网站。

3）在"解决方案资源管理器"窗口右键单击站点，在弹出菜单中单击"添加"—"Web 窗体"，弹出"指定项名称"对话框，项名称设置为 ButtonDemo，如图 3-2 所示。

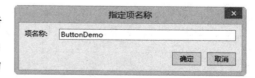

图 3-2　"指定项名称"对话框

4）打开 ButtonDemo.aspx，切换到"设计视图"；从"工具箱"的"标准"选项卡中向 ButtonDemo.aspx 拖入一个 Button 控件。

5）打开 ButtonDemo.aspx，切换到"源视图"，如下设置 Button1 控件的 OnClientClick

属性:

```
<asp:Button ID="Button1" runat="server" Text="Button"    OnClientClick="return confirm('
确定要执行? ');" OnClick="Button1_Click"    />
```

6）双击 Button1 控件，为 Button1 的单击事件编写如下代码。

```
protected void Button1_Click(object sender, EventArgs e)
{
        Response.Write("你好");
}
```

在解决方案资源管理器窗口选中 Button.aspx，按<F5>键运行页面，单击按钮，弹出提示框，如图 3-3 所示，如果单击"取消"按钮，则不执行 Button1 的单击事件的代码；如果单击"确定"按钮，则执行 Button1 的单击事件的代码，输出"你好"。

图 3-3　弹出提示框

3.1.3　TextBox 控件

TextBox 控件用来接收键盘输入的数据。

TextBox 控件的属性及说明见表 3-2。

表 3-2　TextBox 控件的属性及说明

属　　性	说　　明
AutoPostBack	设定当按<Enter>键或<Tab>键离开 TextBox 时，是否要自动触发 OnTextChanged 事件
Columns	文本框一行能够输入的字符个数
MaxLength	设定 TextBox 可以接收的最大字符数目
Rows	文本框的行数，该属性在 TextMode 属性设为 MultiLine 时才有效
Text	文本框中的内容
TextMode	文本框的输入模式，有以下 3 种情况。 SingleLine：只可以输入一行 PassWord：输入的字符以*代替 MultiLine：可输入多行
Wrap	是否自动换行，默认为 true。该属性在 TextMode 属性设为 MultiLine 时才有效

TextBox 有一个 OnTextChanged 事件，如果 TextBox 内的文本被改动而且 AutoPostBack 设为 True,则光标焦点离开 TextBox 时会立即触发 OnTextChanged 事件。

值得注意的是，AutoPostBack 属性是多数表单控件所拥有的属性。如果设置了某控件的 AutoPostBack 属性为 true，并指定了处理过程，一旦该控件内容发生变化，就会执行指定的处理过程。反之，如果控件的 AutoPostBack 属性为 false，那么当表单被提交时，如果检测到控件内容发生了变动，则控件的处理过程会"顺便"被执行。

【例 3-3】使用 TextBox 的 AutoPostBack 的属性。（AutoPostBack.aspx）

1）运行 Visual Studio2013。

2）新建一个 ASP.NET 空网站。

3）添加一个页面，文件名为 AutoPostBack.aspx。

4）从"工具箱"的"标准"选项卡中向 AutoPostBack.aspx 拖入一个 TextBox 控件。

5）设置 TextBox 控件的 AutoPostBack 属性为 True，如图 3-4 所示。

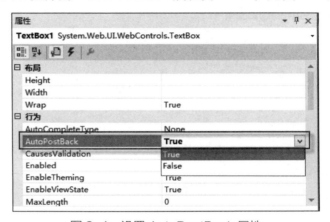

图 3-4　设置 AutoPostBack 属性

6）选中 TextBox 控件，在属性窗口切换到事件页，如图 3-5 所示。在 TextChanged 处双击鼠标，进入代码窗口，为 TextBox 控件的 TextChanged 事件编写代码。

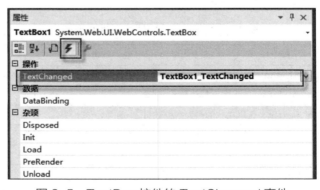

图 3-5　TextBox 控件的 TextChanged 事件

```
protected void TextBox1_TextChanged(object sender, EventArgs e)
{
    Response.Write(TextBox1.Text);
}
```

程序说明：

当设置 TextBox 的 AutoPostBack ="True",同时指定文本内容变化时运行 TextBox1_TextChanged，这样，运行程序后，在 TextBox 中输入 Hello，然后按<Tab>键使光标焦点离开 TextBox，于是马上触发 OnTextChanged，执行程序输出 TextBox 中的文本内容 Hello，如图 3-6 所示。

图 3-6 【例 3-3】运行效果

3.1.4 RadioButton 控件

RadioButton 控件用于从多个选项中选择一项，属于多选一控件。RadioButton 控件的基本功能相当于 HTML 控件的<InputType="Radio">。

若希望在一组 RadioButton 控件中只能选择一个时，只要将它们的 GroupName 设为同一个名称即可。

RadioButton 控件有 OnCheckedChanged 事件，这个事件在 RadioButton 控件的选择状态发生改变时触发；要触发这个事件，则必须把 AutoPostBack 属性设为 Ture 才生效。

【例 3-4】学习 RadioButton 的用法，运行结果如图 3-7 所示。(RadioButton.aspx)

图 3-7 RadioButton 的使用

1）运行 Visual Studio2013。

2）新建一个 ASP.NET 空网站。

3）添加一个页面，文件名为 RadioButton.aspx。

4）从"工具箱"的"标准"选项卡中向 RadioButton.aspx 拖入 3 个 RadioButton 控件、一个按钮。设置 3 个 RadioButton 控件的 Text 属性分别为"政治""英语""语文"，GroupName 属性都为"course"。

5）双击按钮，为按钮的单击事件编写如下代码。

```
protected void Button1_Click(object sender, EventArgs e)
{
    string s = "您选择了: ";
    if (RadioButton1.Checked)
        s = s + RadioButton1.Text;
    if (RadioButton2.Checked)
        s = s + RadioButton2.Text;
    if (RadioButton3.Checked)
```

```
                s = s + RadioButton3.Text;
            Response.Write(s);


        }
```

程序说明：

本例中把 3 个 RadioButton 控件的 GroupName 都设为 course，这样只能有一个 RadioButton 处于选中状态，利用其 Checked 属性可以知道 RadioButton 是否被选中了。

3.1.5　RadioButtonList 控件

当使用几个 RadioButton 控件时，在程序的判断上非常麻烦，RadioButtonList 控件提供了一组 RadioButton，可以方便地取得用户选取的项目。

RadioButtonList 控件的常用属性及说明见表 3-3。

表 3-3　RadioButtonList 控件的常用属性及说明

属　　性	说　　明
AutoPostBack	设定是否立即响应 OnSelectedIndexChanged 事件
CellPading	各项目之间的距离，单位是像素
Items	返回 RadioButtonList 控件中的 ListItem 的对象
RepeatColumns	一行放置选择项目的个数，默认为 0（忽略此项）
RepeatDirection	选择项目的排列方向，可设置为 vertical（默认值）或 horizontal
RepeatLayout	设定 RadioButtonList 控件的 ListItem 排列方式是使用 Table 来排列还是直接排列，预设是 Table
SelectedIndex	返回被选取的 ListItem 的 Index 值
SelectedItem	返回被选取的 ListItem 对象
TextAlign	设定各项目所显示的文字是在按钮的左方还是右方，默认为 Right

ListItem 控件的常用属性及说明见表 3-4。

表 3-4　ListItem 控件的常用属性及说明

属　　性	说　　明
Selected	此项目是否被选取
Text	项目的文字
Value	和这个 Item 相关的数据

【例 3-5】学习 RadioButtonList 的用法，运行效果如图 3-8 所示。（RadioButtonList.aspx）

1）运行 Visual Studio2013。

2）新建一个 ASP.NET 空网站。

3）添加一个页面，文件名为 RadioButtonList.aspx。

4）从"工具箱"的"标准"选项卡中向 RadioButtonList.aspx 拖入一个 RadioButtonList 控件、一个 Button 控件和一个 Label 控件。

图 3-8　RadioButtonList 的使用

5）在 RadioButtonList.aspx 页面双击，为页面的 Page_Load 编写如下代码。

```
protected void Page_Load(object sender, EventArgs e)
    {
        if (!IsPostBack)
        {
            Button1.Text = "确定";
            RadioButtonList1.Items.Add( new    ListItem( "男","M"));
            RadioButtonList1.Items.Add(new ListItem("女", "F"));

            RadioButtonList1.SelectedIndex = 0;
        }
    }
```

6）双击按钮，为按钮的单击事件编写如下代码。

```
protected void Button1_Click(object sender, EventArgs e)
    {
        Label1.Text = "您选择了:<b> " + RadioButtonList1.SelectedItem.Text
            +"</B>            它的相关值为: <b>"
            + RadioButtonList1.SelectedItem.Value + "</B>";

    }
```

程序说明：

在程序中，男、女作为 ListItem 的文本（Text）显示出来让用户选择性别，而对应的值 M、F 作为 ListItem 的值（Value）；用户选择了性别之后，就可以用 SelectedItem.Text 与 Selected Item.Value 取得选中项的文本及对应的值。

当使用程序来产生一个 ListItem 控件的对象时，常用以下两种方式：

ListItem   item=new ListItem("Item1");

ListItem   item=new ListItem(""Item1""," Item Value ");

第一种方式在创建 ListItem 对象时设定了其 Text 属性，第二种方式则是设定其 Text 属性及 Value 属性，Text 属性的内容会显示出来而 Value 不显示。

3.1.6　DropDownList 控件

DropDownList 控件是一个下拉式的选择控件。DropDownList 控件的常用属性及说明见表 3-5。

表 3-5　　DropDownList 控件的常用属性及说明

属　　性	说　　明
AutoPostBack	设定是否立即响应 OnSelectedIndexChanged 事件
Items	返回 DropDownList 控件中 ListItem 的对象
SelectedIndex	返回被选取的 ListItem 的 Index 值
SelectedItem	返回被选取的 ListItem 对象

DropDownList 控件支持 SelectedIndexChanged 事件，若指定发生本事件要触发的事件程序，并将 AutoPostBack 属性设为 True，则当改变 DropDownList 控件里的选项时，便会触发这个事件。

【例 3-6】用 DropDownList 控件选择课程，在 DropDownList 控件中设定课程，单击"确定"按钮，运行效果如图 3-9 所示。（DropDownList.aspx）

图 3-9　DropDownList 控件的使用

1）运行 Visual Studio2013。

2）新建一个 ASP.NET 空网站。

3）添加一个页面，文件名为 DropDownList.aspx。

4）从"工具箱"的"标准"选项卡中向 DropDownList.aspx 拖入一个 DropDownList 控件、一个 Button 控件和一个 Label 控件。

5）为页面的 Page_Load 编写如下代码。

```
protected void Page_Load(object sender, EventArgs e)
{
    if (!IsPostBack)
    {
        Button1.Text = "确定";
        DropDownList1.Items.Add("语文");
        DropDownList1.Items.Add("数学");
        DropDownList1.Items.Add("物理");
    }
}
```

6）为按钮的单击事件编写如下代码。

```
protected void Button1_Click(object sender, EventArgs e)
{
    Label1.Text = "您选择的课程是:<font color=red>" +
DropDownList1.SelectedItem.Text + "<br></font>";
    }
```

3.1.7 ListBox 控件

ListBox 控件和 DropDownList 控件的功能几乎一样，只是 ListBox 控件是一次将所有的选项都显示出来。

ListBox 控件的常用属性及说明见表 3-6。

表 3-6 ListBox 控件的常用属性及说明

属　　　性	说　　　明
AutoPostBack	设定是否立即响应 OnSelectedIndexChanged 事件
Items	返回 ListBox 控件中 ListItem 的对象
Rows	ListBox 控件一次要显示的行数
SelectedIndex	被选中的 ListItem 的 Index 值
SelectedItem	返回被选中的 ListItem 对象
SelectedItems	ListBox 控件可以多选，被选中的项目会被加入 ListItems 集合中；该属性可以返回 ListItems 集合，只读
SelectionMode	设定 ListBox 控件是否可以按住<Shift>键或<Ctrl>键的同时进行多选，默认值为 Single；为 Multiple 时可以多选

【例 3-7】 学习 ListBox 控件的使用方法，运行效果如图 3-10 所示。（ListBox Demo.aspx）

1）运行 Visual Studio2013。

2）新建一个 ASP.NET 空网站。

3）添加一个页面，文件名为 ListBox Demo.aspx。

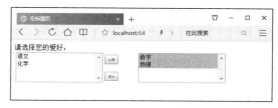

图 3-10 【例 3-7】运行效果

4）单击菜单"表"—"插入表"命令，在弹出"插入表格"对话框中设置为 1 行 3 列，如图 3-11 所示。

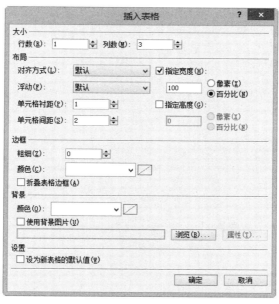

图 3-11 设置表格为 1 行 3 列

基于 C#的 ASP.NET 程序设计
第 4 版

5）从"工具箱"向 ListBoxDemo.aspx 拖入 2 个 ListBox 控件和 2 个 Button 控件。布局页面如图 3-12 所示。

图 3-12　页面布局

6）为页面的 Page_Load 编写如下代码。

```csharp
protected void Page_Load(object sender, EventArgs e)
{
    if (!IsPostBack)
    {

        Button1.Text = "-->";
        Button2.Text = "<--";


        ListBox1.Width = 200;
        ListBox2.Width = 200;

        //允许多选
        ListBox1.SelectionMode = ListSelectionMode.Multiple;
        ListBox2.SelectionMode = ListSelectionMode.Multiple;

        ListBox1.Items.Add("语文");
        ListBox1.Items.Add("数学");
        ListBox1.Items.Add("物理");
        ListBox1.Items.Add("化学");
    }
}
```

7）为两个按钮编写如下代码。

```csharp
protected void Button1_Click(object sender, EventArgs e)
{

    move(ListBox1, ListBox2);

}


protected void Button2_Click(object sender, EventArgs e)
```

```
    {
        move(ListBox2, ListBox1);
    }


    void move(  ListBox srcList, ListBox destList)
    {

        for (int i = srcList.Items.Count − 1; i >= 0; i−−)
        {
            ListItem item = srcList.Items[i];
            if (item.Selected)
            {
                destList.Items.Add(item);
                srcList.Items.Remove(item);
            }
        }

    }
```

3.1.8　Image 控件

Image 控件可用来显示图片，其语法为：

`<ASP:Image　Id="..."　Runat="Server" ImageUrl="图片所在地址" AlternateText="图形没加载时的替代文字"　...　/>`

Image 控件最重要的属性是 ImageUrl，这个属性指明图形文件所在的目录或网址；如文件和网页存放在同一个目录，则可以省略目录直接指定文件名。

Image 控件位于"工具箱"的"标准"选项卡。

例如，下面的代码用于显示 test.jpg 图片。

`<ASP:Image Id="Image1" ImageUrl="test.jpg " Runat="Server"/>`

3.1.9　HyperLink 控件

HyperLink 控件可以用来设定超链接，其语法为：

```
<ASP:Hyperlink　Id="…"　Runat="Server"
ImageUrl="图片所在地址"
Target="目标窗口"
/>
超链接文字
</ASP:Hyperlink>
```

【例 3-8】使用 HyperLink 控件制作一个指向 www.163.com 的超链接，运行结果如图 3-13 所示。(HyperLink.aspx)

```
<html>
<body>
<asp:Hyperlink id="Hyperlink1" runat=
"server"
    NavigateUrl="http://www.163.com"
    Text="单击进入 www.163.com"
    Target="self"
/>
</body>
</html>
```

图 3-13   使用 HyperLink 控件

3.1.10   ImageButton 控件

ImageButton 控件用图片来当做按钮。

ImageButton 控件在触发 Click 事件时，会告之用户在图形的哪个位置上单击按钮；参数 e 的类型为 ImageClick EventArgs，其 X、Y 属性分别表示鼠标指针在图像中的 x 和 y 的坐标值。

【例 3-9】当用户单击 ImageButton 控件时，显示编辑框中输入的信息，运行结果如图 3-14 所示。(ImageButton.aspx)

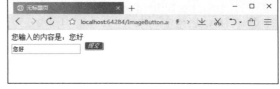

1) 运行 Visual Studio2013。

2) 新建一个 ASP.NET 空网站。

图 3-14   使用 ImageButton 控件

3) 添加一个页面，文件名为 ImageButton.aspx。

4) 从 "工具箱" 的 "标准" 选项卡中向 ImageButton.aspx 拖入一个 TextBox 控件和一个 ImageButton 控件。设置 ImageButton 控件的 ImageUrl 为 images 文件夹下的 SUBMIT.GIF。

5) 为 ImageButton 的单击事件编写如下代码。

```
protected void ImageButton1_Click(object sender, ImageClickEventArgs e)
{
Response.Write("您输入的内容是：" +TextBox1.Text);

}
```

3.1.11   CheckBox 控件

CheckBox 控件为用户提供了一种在真/假、是/否或开/关选项之间切换的方法。CheckBox 控件和 RadioButton 控件的不同之处是它允许多选。

CheckBox 控件的常用属性及说明见表 3-7。

表 3-7　CheckBox 控件的常用属性及说明

属　　性	说　　明
AutoPostBack	设定当用户选择不同的项目时，是否自动触发 OnCheckedChanged 事件
Checked	返回或设定该项目是否被选取
GroupName	按钮所属组
TextAlign	项目所显示的文字的对齐方式
Text	CheckBox 中所显示的内容

当 CheckBox 控件的选中状态发生变化时，会引发 CheckedChanged 事件。

【例 3-10】使用 CheckBox 控件，运行结果如图 3-15 所示。（CheckBox.aspx）

图 3-15　使用 CheckBox 控件

1）运行 Visual Studio2013。

2）新建一个 ASP.NET 空网站。

3）添加一个页面，文件名为 CheckBox.aspx。

4）布局 CheckBox.aspx，如图 3-16 所示。

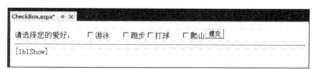

图 3-16　【例 3-10】页面布局

5）双击"提交"按钮，为 Click 事件编写如下代码。

```
protected void Button1_Click(object sender, EventArgs e)
    {
        string msg = "";

        if (CheckBox1.Checked)
            msg = msg + "游泳  ";
        if (CheckBox2.Checked)
            msg = msg + "跑步  ";

        if (CheckBox3.Checked)
            msg = msg + "打球  ";
        if (CheckBox4.Checked)
            msg = msg + "爬山  ";
```

```
        lblShow.Text = "您的爱好是：<B>" + msg + "</B>";
    }
```

3.1.12　CheckBoxList 控件

当使用一组 CheckBox 控件时，在程序的判断上非常麻烦，因此 CheckBoxList 控件和 RadioButtonList 控件一样，可以方便地取得用户所选取的项目。

CheckBoxList 控件的常用属性及说明见表 3-8。

表 3-8　CheckBoxList 控件的常用属性及说明

属　　性	说　　明
AutoPostBack	设定是否立即响应 OnSelectedIndexChanged 事件
CellPading	各项目之间的距离，单位是像素
Items	返回 CheckBoxList 控件中 ListItem 的对象
RepeatColumns	项目的横向字段数
RepeatDirection	设定 CheckBoxList 控件的排列方式是以水平排列（Horizontal）还是垂直（Vertical）排列
RepeatLayout	设定 CheckBoxList 控件的 ListItem 排列方式是使用 Table 来排列还是直接排列，预设是 Table
SelectedIndex	返回被选取的 ListItem 的 Index 值
SelectedItem	返回被选取的 ListItem 对象
SelectedItems	CheckBoxList 控件可以复选，被选取的项目会被加入 ListItems 集合中；该属性可以返回 ListItems 集合，只读
TextAlign	设定 CheckBoxList 控件中各项目所显示的文字是在按钮的左方还是右方，预设是 Right

CheckBoxList 控件的用法和 RadioButtonList 控件类似，不过 CheckBoxList 控件的项目可以复选。选择完毕后的结果可以利用 Items 集合进行检查，只要判断 Items 集合对象中哪一个项目的 Selected 属性为 True，就可以知道哪些选项被选中了。

【例 3-11】使用 CheckBoxList 控件进行多选，运行结果如图 3-17 所示。（CheckBox List.aspx）

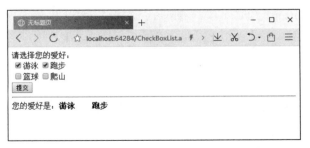

图 3-17　使用 CheckBoxList 控件进行多选

1）运行 Visual Studio2013。

2）新建一个 ASP.NET 空网站。

3）添加一个页面，文件名为 CheckBoxList.aspx。

4）从"工具箱"向 CheckBoxList.aspx 拖入一个 CheckBoxList 控件。布局页面如

图 3-18 所示。

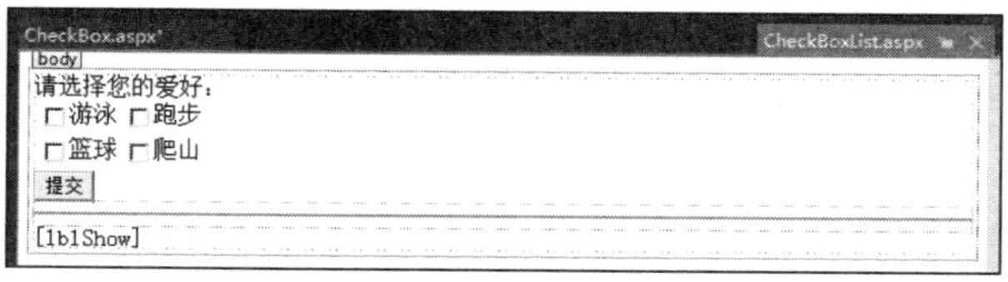

图 3-18 【例 3-11】页面布局

5）双击"提交"按钮，为 Click 事件编写如下代码。

```
protected void Button1_Click(object sender, EventArgs e)
{
    string msg = "";
    for (int i = 0; i < chkList.Items.Count; i++)
    {
        if (chkList.Items[i].Selected)
        {
            msg = msg + chkList.Items[i].Text +   "  ";
        }
    }
    lblShow.Text = "您的爱好是：<B>" + msg + "</B>";
}
```

3.2 数据验证控件

当我们要求用户输入数据的时候，一定要执行数据验证的工作。数据验证控件是一种限制用户输入的控件，可以确定用户所输入的数据是正确的，或是强迫用户一定要输入数据。先执行数据验证校验出输入错误的数据后，再让数据库响应一个错误信息，即可以确保用户所输入的数据是一个有效值，而不会造成垃圾数据。数据验证控件可以帮助我们少写许多验证用户输入数据的程序，ASP.NET 所提供的数据验证控件见表 3-9。

表 3-9 数据验证控件

控 件 名 称	说　　明
RequiredFieldValidator	验证用户是否已输入数据
CompareValidator	将用户输入的数据与另一个数据进行比较
CustomValidator	自定义的验证方式
RangeValidator	验证用户输入的数据是否在指定范围内
RegularExpressionValidator	以特定规则验证用户输入的数据
ValidationSummary	显示未通过验证的控件的信息

3.2.1 RequiredFieldValidator 控件

RequiredFieldValidator 控件用于要求用户在提交表单前为表单字段输入值。

RequiredField Validator 控件的属性如下。

- ControlToValidate：被验证的表单字段的 ID。
- Text：验证失败时显示的错误信息。
- InitialValue：表示输入控件的初始值。实际上 InitialValue 属性并不是设置输入控件的默认值，它仅指示不希望用户在输入控件中输入的值。当验证执行时，如果输入控件包含该值，则验证失败。
- Display：确定页面在验证控件显示其 Text 消息时应该如何处理它的布局。
- None：在验证控件的位置上不显示错误信息。
- Static：在页面布局中分配用于显示验证消息的空间。
- Dynamic：如果验证失败，将用于显示验证消息的空间动态添加到页面。

【例 3-12】使用 RequiredFieldValidator 控件要求用户必须输入用户名与口令。（Required.aspx）

1）运行 Visual Studio2013。

2）新建 一个 ASP.NET 空网站。

3）添加一个页面，文件名为 Required.aspx。

4）向 Required.aspx 拖入 2 个 TextBox 控件和 1 个 Button 控件。从"工具箱"的"验证" 选 项 卡 向 Required.aspx 拖 入 2 个 RequiredFieldValidator 控件 。 设 置 RequiredFieldValidator1 的 Text 属性为"请输入用户名！"，ControlToValidate 属性为 TextBox1；设置 RequiredFieldValidator2 的 Text 属性为"请输入密码！"，ControlToValidate 属性为 TextBox2；设置 Button 的 Text 属性为"提交"。页面布局如图 3-19 所示。

图 3-19 【例 3-12】页面布局

5）为 Button 的单击事件编写如下代码。

```
protected void Button1_Click(object sender, EventArgs e)
{
    Response.Write("用户名:" + TextBox1.Text + "   密码:" +
TextBox2.Text);
}
```

6）如果网站项目采用高版本的.Net Framework，需要在 Web.config 文件中添加：

```
<appSettings>
    <add key="ValidationSettings:UnobtrusiveValidationMode"  value="None" />
</appSettings>
```

按<F5>键运行该文件，如果未输入用户名与密码就单击"提交"按钮，页面不会被提交，系统提示请输入相关信息，运行结果如图 3-20 所示。

图 3-20 使用 RequiredFieldValidator 控件

第
3
章

服
务
器
端
控
件

Chapter
1

Chapter
2

Chapter
3

Chapter
4

Chapter
5

Chapter
6

Chapter
7

Chapter
8

Chapter
9

Chapter
10

Chapter
11

3.2.2　CompareValidator 控件

CompareValidator 控件可用于执行 3 种不同类型的验证任务：

1）执行数据类型检测。用它确定用户是否在表单字段中输入了类型正确的值，如在生日数据字段输入一个日期。

2）输入表单字段的值和一个固定值进行比较。例如，一个拍卖网站，可以用 CompareValidator 检查新的起价是否大于前面的起价。

3）比较一个表单字段的值与另一个表单字段的值。例如，可以使用 Compare Validator 控件检查输入的会议开始日期值是否小于输入的会议结束日期值。

CompareValidator 控件的主要属性如下。

● ControlToValidate：被验证的表单字段的 ID。

● Text：验证失败时显示的错误信息。

● ControlToCompare：指定要与所验证的输入控件进行比较的输入控件，如 TextBox 控件。如果由此属性指定的输入控件不是该页面上的控件，则引发异常。需要注意的是，不要同时设置 ControlToCompare 属性和 ValueToCompare 属性。如果同时设置了这两个属性，则 ControlToCompare 属性优先。

● Operator：允许指定要执行的比较类型，如大于和等于。

● Type：指定用于比较的数据类型。

● ValueToCompare：指定一个固定值，该值将与用户输入到所验证的输入控件中的值进行比较。

【例 3-13】用 CompareValidator 控件限制输入的年龄必需大于 18 岁，运行该程序，如果两次密码输入不一致，如登录密码输入 123，确认密码输入 12，单击"提交"按钮，页面不会被提交，系统提示"输入的密码不一样!"，如图 3-21 所示。如果登录密码与确认密码都输入 123，则验证通过，如图 3-22 所示。注意如果其中一个编辑框没有输入内容，则 CompareValidator 控件不起作用。（Compare.aspx）

图 3-21　两次密码输入不一致

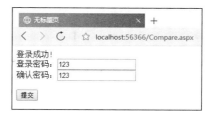

图 3-22　两次密码输入相同

1）运行 Visual Studio2013。

2）新建一个 ASP.NET 空网站。

3）添加一个页面，文件名为 Compare.aspx。

4）向 Compare.aspx 拖入 2 个 TextBox 控件和 1 个 Button 控件。从"工具箱"的"验证"选项卡向 Compare.aspx 拖入 1 个 CompareValidator 控件。设置 CompareValidator 的 Text 属性为"输入的密码不一样!"，ControlToValidate 属性为

"TextBox2", ControlToCompare 属性为
"TextBox1";设置 Button 的 Text 属性为"提交"。
页面布局如图 3-23 所示。

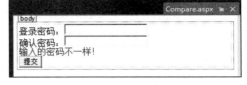

图 3-23 【例 3-13】页面布局

5）为 Button 的单击事件编写如下代码。

```
        protected void Button1_Click(object sender,
EventArgs e)
        {
            if (Page.IsValid)
                Response.Write("登录成功!");

        }
```

6）如果网站项目采用高版本的.Net Framework，需要在 Web.config 文件中添加：
```
    <appSettings>
        <add key="ValidationSettings:UnobtrusiveValidationMode"  value="None" />
    </appSettings>
```

3.2.3　RangeValidator 控件

RangeValidator 控件用于检测表单字段的值是否在指定的最小值和最大值之间。
RangeValidator 控件的主要属性如下。

- ControlToValidate：被验证的表单字段的 ID。
- Text：验证失败时显示的错误信息。
- MinimumValue：验证范围的最小值。
- MaximumValue：验证范围的最大值。
- Type：指定用于比较的数据类型，默认值为 String。

【例 3-14】用 RangeValidator 控件限制成绩必须在 0～100 之间,运行结果如图 3-24
所示。（Range.aspx）

图 3-24　用 RangeValidator 控件限制成绩必须在 0～100 之间

1）运行 Visual Studio2013。

2）新建一个 ASP.NET 空网站。

3）添加一个页面，文件名为 Range.aspx。

4）向 Range.aspx 拖入 1 个 TextBox 控件和 1 个 Button 控件。从"工具箱"的"验
证"选项卡向 Range.aspx 拖入 1 个 RangeValidator 控件。设置 Button 的 Text 属性为

"提交"。

设置 RangeValidator 属性如下。

Text：输入的密码不一样!

ControlToValidate：TextBox1

Type：Integer

MinimumValue：0

MaximumValue：100

页面布局如图 3-25 所示。

图 3-25　【例 3-14】页面布局

5）为 Button 的单击事件编写如下代码。

```
protected void Button1_Click(object sender, EventArgs e)
{
    if (Page.IsValid)
    {
        Response.Write("验证通过");
    }
```

6）如果网站项目采用高版本的.Net Framework，需要在 Web.config 文件中添加：

```
<appSettings>
    <add key="ValidationSettings:UnobtrusiveValidationMode"  value="None" />
</appSettings>
```

说明：

假如输入的不是一个数字，也会显示验证错误。如果输入到表单字段的值不能转换成 RangeValidator 控件的 Type 属性所表示的数据类型，就会显示错误信息。

假如不输入任何值就提交表单，则不会显示错误信息。如果要求用户必须输入一个值，那么需要用一个 RequiredFieldValidator 控件来验证成绩对应的编辑框。

3.2.4　RegularExpressionValidator 控件

RegularExpressionValidator 控件用于确定输入控件的值是否与某个正则表达式所定义的模式相匹配。

正则表达式是一种文本模式，包括普通字符（如 a～z 之间的字母）和特殊字符。使用正则表达式可以进行简单和复杂的类型匹配。表 3-10 所示为常用的正则表达式符号。

表 3-10　正则表达式符号

字　符	定　义
a	表示是一个字母 a
1	表示是一个数字 1
?	零次或一次匹配前面的字符或子表达式
*	零次或多次匹配前面的字符或子表达式
+	一次或多次匹配前面的字符或子表达式
^	不等于某个字符或子表达式
[0-n]或[a-z]	表示某个范围内的数字或字母
{n}	表示长度是 N 的有效的字符串
|	或的意思，分隔多个有效的模式
\	后面是一个命令字符
\w	匹配任何单词字符
\d	匹配任何数字字符
\.	匹配点字符

下面是几个正则表达式的例子。

\d{6}：表示 6 个数字，如邮政编码。

[0-9]：表示 0～9 十个数字。

\d*：表示任意一个数字。

\d{3,4}-\d{7,8}：表示固定电话号码。

\d{2}-\d{5}：表示两位数字、一个连字符串再加 5 位数字。

[0-9]{2,5}：表示只可输入数字，至少两位数，至多五位数。

【例 3-15】用 RegularExpressionValidator 控件验证输入，运行结果如图 3-26 和图 3-27 所示。（Regular.aspx）

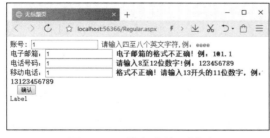

图 3-26　输入未能通过验证

图 3-27　通过验证

1）运行 Visual Studio2013。

2）新建 一个 ASP.NET 空网站。

3）添加一个页面，文件名为 Regular.aspx。

4）向 Regular.aspx 拖入控件，页面布局如图 3-28 所示。其中每个文本框后面拖放一个 RegularExpressionValidator 控件。4 个 RegularExpressionValidator 控件的属性设置见表 3-11。

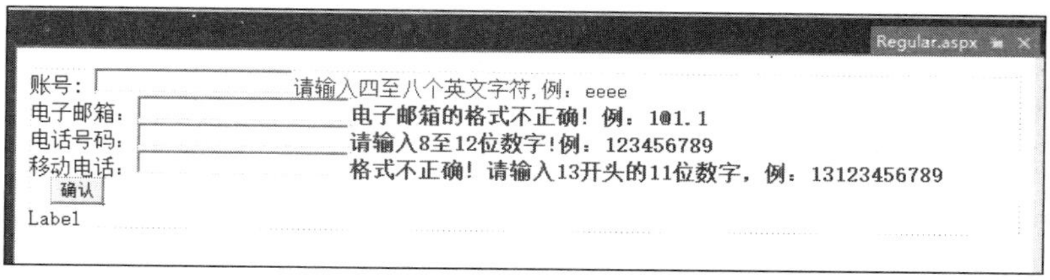

图 3-28 【例 3-15】页面布局

表 3-11 控件的属性设置

属性 ＼ 验证控件	1	2	3	4
ControlToValidate	TextBox1	TextBox2	TextBox3	TextBox4
ErrorMessage	请输入四至八个英文字符，例：eeee	电子邮箱的格式不正确！例：1@1.1	请输入 8 至 12 位数字!例：123456789	格式不正确！请输入 13 开头的 11 位数字，例：13123456789
ValidationExpression	[a-zA-Z]{4,8}	\w+([- +.]\w+)*@\w+([-.] \w+)*\.\w+([-.]\w+)*	\d{8,12}	13\d{9}

5）为 Button 的单击事件编写如下代码。

```
if (Page.IsValid)
{
    Label1.Text = "通过验证";
}
```

6）如果网站项目采用高版本的 .Net Framework，需要在 Web.config 文件中添加：

```
<appSettings>
    <add key="ValidationSettings:UnobtrusiveValidationMode"  value="None" />
</appSettings>
```

3.2.5 ValidationSummary 控件

ValidationSummary 控件用于在页面中的一个地方显示所有验证错误的列表。每个验证控件都有 ErrorMessage 属性，ErrorMessage 属性和 Text 属性的不同之处在于，赋值给 ErrorMessage 属性的信息显示在 ValidationSummary 控件中，而赋值给 Text 属性的信息显示在页面主体中。通常，需要保持 Text 属性的错误信息简短（如"必填!"）。

如果不为 Text 属性赋值，那么 ErrorMessage 属性的值会同时显示在 ValidationSummary 控件和页面主体中。

ValidationSummary 控件的属性如下。

- DisplayMode：指定 ValidationSummary 控件的显示格式。汇总的错误信息可以以列表、项目符号列表或单个段落形式进行显示。DisplayMode 属性的值可为下列值之一。
  - ➢ BulletList：以项目符号列表的形式显示错误汇总信息。
  - ➢ List：以列表形式显示错误汇总信息。

> ➤ SingleParagraph：以单个段落形式显示错误汇总信息。

● EnableClientScript：指定 ValidationSummary 控件是否使用客户端脚本更新自身。当设置为 true 时,将在客户端上显示客户端脚本,以更新 ValidationSummary 控件，但前提是浏览器支持该功能。当设置为 false 时，客户端上将不显示客户端脚本，且 ValidationSummary 控件仅在每次服务器往返时更新自身。这种情况下 ShowMessageBox 属性无效。

● HeaderText：显示 ValidationSummary 控件的标题。

● ShowMessageBox：用于控制验证错误汇总信息的显示位置。如果该属性和 EnableClientScript 都设置为 true，则在消息框中显示验证错误汇总信息。如果 EnableClientScript 设置为 false，则该属性无效。

ShowSummary：用于控制验证错误汇总信息的显示位置。如果该属性设置为 true，则在 Web 页上显示验证错误汇总信息。如果 ShowMessageBox 和 ShowSummary 属性都设置为 true，则在消息框和 Web 页上都显示验证错误汇总信息。

【例 3-16】用 ValidationSummary 控件显示验证的汇总信息，运行结果如图 3-29 所示。（Summary.aspx）

1）在 Required.aspx 的基础上，设置 RequiredField Validator1 与 RequiredFieldValidator2 两个验证控件的 ErrorMessage 分别为"用户名不能为空!""口令不能为空!"。

2）从"工具箱"的"验证"选项卡向 Required.aspx 拖入 1 个 ValidationSummary 控件。

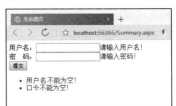

图 3-29 【例 3-16】运行结果

 习　题

1. Web 控件有哪些共用属性?

2. 简述 Label、LinkButton、TextBox、CheckBoxList、RadioButtonList 和 DropDownList 控件的用途。

3. 验证控件有哪几种? 简述它们各自的功能。

4. 运用验证控件来编写一个简单的用户注册页面。要求如下：用户名不能为空，且必须为 4~8 个英文字符；两次输入密码相同；年龄在 20~30 岁之间；如未通过验证，则汇总显示错误信息。

5. 上机调试书中例题。

第 4 章
ADO.NET 数据库访问技术   Chapter 04

本章目标

- ➤ ADO.NET 对象模型
- ➤ SqlConnection 对象
- ➤ Command 对象
- ➤ DataReader 对象
- ➤ DataSet 对象
- ➤ DataTable 对象

4.1 ADO.NET 基本概念

　　要设计大型网站，不能不使用数据库，可以将数据库理解为计算机中用于存储数据的仓库。将各种数据按照某种组织方式存入数据库后，既便于管理，又便于处理。与仓库需要管理人员与管理制度一样，数据库也需要一个管理系统，这个管理系统被称为数据库管理系统（Data Base Management System，DBMS）。而现在应用最广泛的是基于关系代数的关系数据库管理系统，SQL Server、DB2、SYSBASE 以及 Oracle 都属于关系型数据库。

　　在关系型数据库中，数据是以二维表格的方式存储的，一个数据库中可以包含多个数据表，而每个数据表又包含行（记录）和列（字段），可以将数据表想像为一个电子表格，其中与行对应的是记录，与列对应的是字段。在数据库中，除数据表外，一般还存在其他数据库对象，如视图、存储过程、索引等。

　　ADO.NET 是 NET Framework 用于数据访问的组件。ADO.NET 对象可以快速简单地存取各种数据，ASP.NET 通过 ADO.NET 操作数据库，如图 4-1 所示。

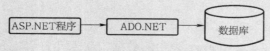

图 4-1　ASP.NET 通过 ADO.NET 操作数据库

ADO.NET 的一个重要优点是可以以离线方式操作数据库。传统的主从式应用程序在执行时，都会保持和数据源的联机。ADO.NET 被设计成可以对断开的数据集操作，应用程序只有在要取得数据或是更新数据的时候才对数据源进行联机，所以可以减少应用程序对服务器资源的占用，提高应用程序的效率。

4.2 ADO.NET 对象模型

.NET Framework 针对不同的数据库，提供了下面 4 种数据提供程序。

- SQL Server .NET Framework 数据提供程序
- OLE DB .NET Framework 数据提供程序
- ODBC .NET Framework 数据提供程序
- Oracle .NET Framework 数据提供程序

其中 SQL Server.NET 数据提供程序专门用于访问 SQL Server 数据库；OLE DB 数据提供程序支持有相应 OLE DB 驱动的数据源，如可以对 SQL Server、Access 等数据库进行访问。ODBC 数据提供程序通过 ODBC 访问各种数据源；Oracle 数据提供程序通过 Oracle 客户端连接软件对 Oracle 数据源进行访问。

ADO.NET 对象模型中有五个主要的组件，分别是 Connection 对象、Command 对象、DataAdapter 对象、DataSet 对象以及 DataReader 对象。

常用的数据提供程序为 SQL Server.NET 数据提供程序和 OLE DB 数据提供程序。相应的，ASP.NET 提供了两组数据操作组件，分别为 OLE DB 数据操作组件以及 SQL 数据操作组件。

每组数据操作组件内都有 Connection 对象、Command 对象、DataAdapter 对象及 DataReader 对象。每一个.NET 数据提供程序中定义的对象，其名称前带有专用于提供程序的名称，即用前缀 OleDb 以及 SQL 区分，见表 4-1。

表 4-1 OLE DB 数据操作组件和 SQL 数据操作组件

SQL 数据操作组件	OLE DB 数据操作组件
SqlConnection	OleDbConnection
SqlCommand	OleDbCommand
SqlDataAdapter	OleDbDataAdapter
SqlDataReader	OleDbDataReader

1. 连接对象

连接对象是要使用的第一个对象，它提供了到数据源的基本连接。如果所使用的是要求用户名和密码的数据库，或者是位于远程网络服务器上的数据库，则连接对象就可以提供建立连接并登录的细节。

2. 命令对象

可以使用此对象发出命令，如对数据源的 SQL 查询，以及用"SEIECT * FROM Customers"语句查询在 Customers 表中的数据，包括用于 SQL Server 的 SqlCommand 和用于 OLE DB 的 OleDbCommand。

3. CommandBuilder 对象

此对象用于构建 SQL 命令，可以在基于单一表查询的对象中进行数据修改，包括用于 SQL Server 的 SqlCommandBuilder 和用于 OLE DB 的 OleDbCommandBuilder。

4. DataReader 对象

这是一个快速而易于使用的对象，可以从数据源中读取仅能前向和只读的数据流。此对象具有最好的功能，可以简单地读取数据，包括用于 SQL Server 的 SqlDataReader 和用于 OLE DB 的 OleDbDataReader。

5. DataAdapter 对象

这是一个通用的类，可执行针对数据源的各种操作，包括更新变动数据、填充数据集以及其他操作，也可用于 SQL Server 的 SqlDataAdapter 和 OLE DB 的 OleDbDataAdapter。

各种数据操作组件虽然针对的数据源不一样，但是这些对象的架构都一样。例如 OleDbConnection 和 SqlConnection 的对象虽然一个是针对 OLE DB，而另一个是针对 SQL Server，但是这两个对象都有一样的属性、事件及方法，所以使用起来并不会造成困扰。虽然可以通过 OLE DB 来存取 SQL Server 中的数据，但是通过 SQL 类别对象来存取 SQL Server 中的数据效率更高，这是因为 SQL 类别不经过 OLE DB 这一层，而是直接调用 SQL Server 中的 API。这两种方式编程非常相似，采用哪种 Provider，对编写程序来说，都是很容易适应的。以后例子中主要采用 SQL Server Provider 进行数据库连接与编程。

4.3 SqlConnection 对象

Connection 对象主要是连接程序和数据库的"桥梁"，要存取数据源中的数据，首先要建立程序和数据源之间的连接。

对应不同的 Provider 类型，常用的 Connection 对象有两种：用于 Microsoft SQL Server 数据库的是 SqlConnection；对于其他类型可以用 OLE DB .NET Provider 的 OleDb Connection。

SQL Server Provider 提供的连接对象是 SqlConnection，其连接字符串是以"键/值"对的形式组合而成。连接字符串的常用属性见表 4-2。

表 4-2 SqlConnection 连接字符串的常用属性

属　　性	说　　明
Data Source	设置要连接的 SQL Server 服务器名称或 IP 地址
Server	
Database	要连接的数据库
Initial catalog	
Integrated Secrity	指定是否使用信任连接
Trusted_Connection	
User ID	登录数据库的账号
Password	登录数据库的密码
Connection Timeout	连接超时时间

第 4 章　ADO.NET 数据库访问技术

Chapter 1
Chapter 2
3
Chapter 4
Chapter 5
Chapter 6
7
Chapter 8
Chapter 9
10
Chapter 11

与 SQL Server 数据库的安全验证方式相对应，建立 SqlConnection 对象有两种类型。

1. 混合模式的连接

SQL Server 数据库混合模式可以由用户自己输入登录名与密码连接到数据库，如下创建 SqlConnection 对象：

```
string connStr ="server=(local);uid=sa;pwd=123;database=demo";
SqlConnection conn = new SqlConnection(connStr);
```

连接串为"server=(local);uid=sa;pwd=123;database=demo"，其含义是连接到本机 SQL Server 数据库服务器中 demo 数据库，使用登录名为 sa，密码为 123。注意其中 uid、pwd 分别为 User ID、Password 的简写。

2. 使用 Windows 验证方式

以 Windows 验证方式登录 SQL Server 数据库的 SqlConnection 对象用如下方式创建：

```
string connectionString = "server=(local);database=demo;trusted_connection=true";
SqlConnection conn = new SqlConnection (connectionString);
```

该语句以信任方式连接到 SQL Server，由于采用 Windows 验证，所以无须给出登录名与密码。由于 ASP.NET 的 Web 应用访问的身份是 ASP.NET，因此采用这种方式时还必须在 SQL Server 数据库添加一个 ASP.NET 的 Windows 登录账号，并且授以一定的访问权限。

【例 4-1】用 SqlConnection 连接数据库，运行该程序，如果成功，则页面输出"连接成功！"。

（connection.aspx）

```
protected void Page_Load(object sender, EventArgs e)
    {
        SqlConnection conn = new
SqlConnection("server=(local);database=demo;uid=sa;pwd=123");
        conn.Open( );
        Response.Write("连接成功！ ");
    }
```

 提示

如果使用了 SQL Server Provider 提供的对象，如 SqlConnection、SqlCommand、SqlDataReader 等，则一定要引入命名空间 System.Data.SqlClient。

如果编辑时提示 SqlConnection 不能解析，如图 4-2 所示。在提示线上右键单击，在弹出菜单中选择"解析"—"using System.Data.SqlClient"；会自动为程序添加 System.Data.SqlClien 的引用，如图 4-3 所示。以后碰到有类似的要引入命名空间，都可以用这种方法方便的引入。

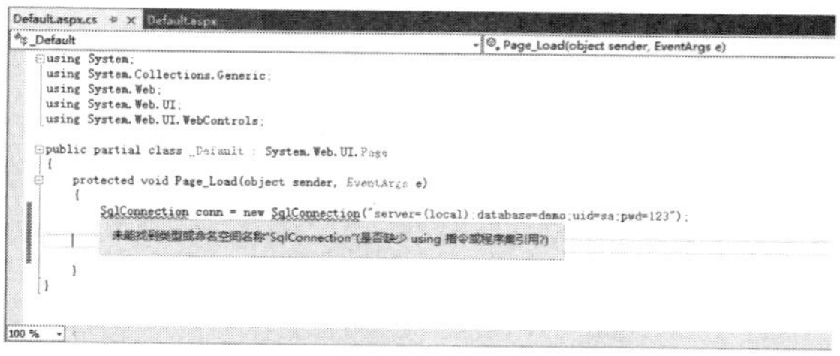

图 4-2 　 SqlConnection 不能解析

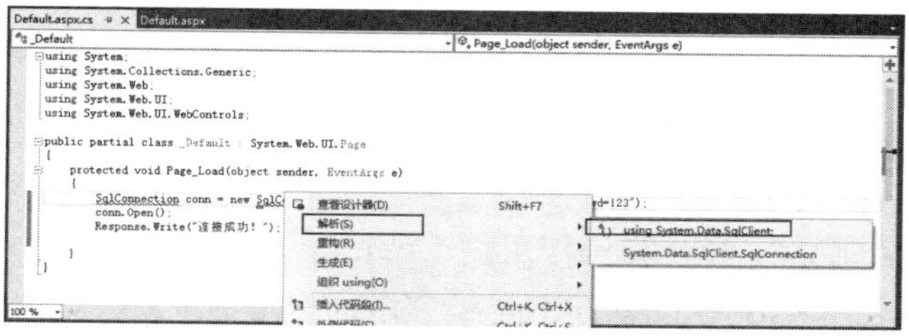

图 4-3 　 自动添加命名空间

4.4　Command 对象

Command 对象主要可以用来对数据库发出一些指令，通过 Command 对象可以对数据库进行查询、增加、修改、删除等操作，以及调用数据库中的存储过程等。

建立 Command 对象的常用语法：

SqlCommand cmd = new SqlCommand(cmdText, myConnection)

其中，cmdText 用于描述需要进行的操作；myConnection 用于指定所使用的连接对象。也可以用如下方式创建：

SqlCommand cmd = myConnection.CreateCommand( );

cmd. CommandText= cmdText;

4.4.1　Command 对象的属性和方法

Command 对象的属性见表 4-3。

表 4-3　Command 对象的属性

属　　性	说　　明
ActiveConnection	设置 Command 对象对数据源的操作要通过哪个 Connection 对象
CommandBehavior	设置 Command 对象的命令模式
CommandType	CommandType 属性可以用来指定 CommandText 属性中的内容是 SQL 语句、数据表名称还是存储过程名称，如下所示： CommandType.TableDirect　　　数据表名称 CommandType.Text　　　　　　SQL 语句 CommandType.StoredProcedure 存储过程名称 如果本属性没有指定，则为默认值 CommandType.Text
CommandText	由 CommandType 属性设置，表示内容是 SQL 语句、数据表名称或存储过程名
CommandTimeout	指令超时时间，默认值为 30 秒
Parameters	参数集合
RecordsAffected	受影响的记录条数

Command 对象的方法见表 4-4。

表 4-4　Command 对象的方法

方　　法	描　　述
ExecuteReader	执行 CommandText 属性所规定的操作，并创建 DataReader 对象
ExecuteNonQuery	执行 CommandText 属性所规定的操作，一般为 Update、Insert、Delete 及其他没有返回值的 SQL 命令，返回受影响的行数
ExecuteScalar	执行 CommandText 属性所规定的操作，返回执行结果中首行首列的值。如果结果集多于一行一列，它将忽略其余部分

4.4.2　增加、删除、修改数据

对数据库的增加、删除、修改等操作可用 Command 对象的 ExecuteNonQuery 实现。

【例 4-2】用 ExecuteNonQuery 向 Users 表增加一条记录，账号 123，真实名“宋江”。（commandInsert.aspx）

```
protected void Page_Load(object sender, EventArgs e)
{
    string connStr = "server=(local);uid=sa;pwd=123;database=demo";
    SqlConnection conn = new SqlConnection(connStr);
    SqlCommand cmd = new SqlCommand(" insert into users(UserName,RealName)
    values('123','宋江')", conn);
    conn.Open();
    cmd.ExecuteNonQuery();
    conn.Close();
}
```

【例 4-3】用 Command 执行 Update 语句，把上例增加的记录“宋江”改为“李白”。（commandUpdate.aspx）

```
protected void Page_Load(object sender, EventArgs e)
{
    string connStr = "server=(local);uid=sa;pwd=123;database=demo";
    SqlConnection conn = new SqlConnection(connStr);
    SqlCommand cmd = new SqlCommand(" update users set RealName='李白' where
    username='123'", conn);
    conn.Open();
    cmd.ExecuteNonQuery();
    conn.Close();
}
```

【例 4-4】用 Command 执行 Delete 语句，删除例 commandInsert.aspx 中增加的记录。（commandDelete.aspx）

```
        protected void Page_Load(object sender, EventArgs e)
        {
            string connStr = "server=(local);uid=sa;pwd=123;database=demo";
            SqlConnection conn = new SqlConnection(connStr);
            SqlCommand cmd = new SqlCommand(" Delete From users where username='123' ",
conn);

            conn.Open();
            cmd.ExecuteNonQuery();
            conn.Close();
        }
```

4.4.3 执行带参数的 Command

对于程序运行中动态生成的 SQL 命令，可以使用参数。使用带参数的 SQL 语句执行 Command，可以防止受到 SQL 注入式攻击，有利于提高系统的安全性。

【例 4-5】Command 使用参数的方式向 Users 表增加一条记录。

（CommandParamrter.aspx）

```
    protected void Page_Load(object sender, EventArgs e)
    {
        //创建连接串
        string connStr = "server=(local);uid=sa;pwd=123;database=demo";
        //创建Connection
        SqlConnection conn = new SqlConnection(connStr);
        //创建Command，SQL语句中有参数@UserName与RealName
    SqlCommand cmd = new SqlCommand(" insert into users(UserName,RealName)
      values(@UserName,@RealName)", conn);
        //把@UserName参数加入到Parameters，并给参数赋值
        cmd.Parameters.Add("@UserName", SqlDbType.VarChar).Value = "hello";
        //把@RealName参数加入到Parameters，并给参数赋值
        cmd.Parameters.Add("@RealName", SqlDbType.VarChar).Value = "张三";
        //打开连接
        conn.Open();
        //执行SQL命令
        cmd.ExecuteNonQuery();
        //关闭连接
        conn.Close();
    }
```

4.4.4 ExecuteScalar 方法

ExecuteScalar()方法返回执行结果中首行首列的值，该方法只能执行 Select 语句，一

一般用于取得最大值（Max）、最小值（Min）、平均值（Avg）、记录数（Count）。

【例 4-6】用 ExecuteScalar 方法显示 Users 表中有多少用户。

（ExecuteScalar.aspx）

```
protected void Page_Load(object sender, EventArgs e)
{
    string connStr = "server=(local);uid=sa;pwd=123;database=demo";
    SqlConnection conn = new SqlConnection(connStr);
    conn.Open();
    SqlCommand cmd = new SqlCommand(" Select count(*) from users", conn);
    int count = (int)cmd.ExecuteScalar();
    Response.Write("Users表中共有" + count + "用户");
}
```

4.5 DataReader 对象

当只需要顺序的读取数据而不需要其他操作时，可以使用 DataReader 对象。DataReader 对象一次读取一条记录，而且这些数据是只读的，并不允许作其他的操作。由于 DataReader 在读取数据的时候限制了每次以只读的方式读取一条记录，所以使用 DataReader 不但节省资源而且效率很高。

DataReader 类是抽象类，因此不能直接实例化，而是通过执行 Command 对象的 ExecuteReader 方法返回 DataReader 实例。例如：

SqlDataReader reader = cmd.ExecuteReader();

DataReader 常用属性见表 4-5。

表 4-5 DataReader 的常用属性

属　　性	说　　明
FieldCount	只读，表示记录中有多少字段
IsClosed	只读，表示 DataReader 是否关闭
RecordsAffected	通过执行 SQL 语句获取更改、插入或删除的行数
Item	只读，本对象是集合对象，以键值（Key）或索引值（Index）的方式取得记录中某个字段的数据

DataReader 常用方法见表 4-6。

表 4-6 DataReader 常用方法

方　　法	说　　明
Close	将 DataReader 对象关闭
GetName	通过序列号取得指定列的字段名称，列序号从 0 开始
GetOrdinal	取得指定字段名称在记录中的顺序
GetValue	取得指定字段的值，返回的类型为 Object
GetValues	把当前记录行中的数据保存在一个数组中
IsDBNull	用来判断字段值是否为空
NextResult	取得下一个结果
Read	让 DataReader 读取下一笔记录，如果读到记录则传回 True，若没有读到记录则传回 False

【例 4-7】用 DataReader 显示 Books 表中的记录，运行结果如图 4-4 所示。

（DataReader.aspx）

图 4-4 利用 DataReader 显示 Books 表中的记录

```
protected void Page_Load(object sender,
EventArgs e)
    {
    string connStr =
"server=(local);uid=sa;pwd=123;database=demo";
    SqlConnection conn = new
SqlConnection(connStr);
    conn.Open ( );
    SqlCommand cmd = new SqlCommand ("select * from Books", conn);
    SqlDataReader reader = cmd.ExecuteReader ( );
    //显示SqlDataReader对象中的所有数据
    while (reader.Read ( ))
    {
        Response.Write(reader["BookName"]+"  ");
        Response.Write(reader["Price"]+"<BR>");
    }
    reader.Close( );
    conn.Close( );
}
```

程序说明：

在取得 DataReader 对象后，就可以将记录中的数据取出使用。DataReader 开始并没有取回任何数据，所以要先使用 Read 方法让 DataReader 先读取一笔数据回来。如果 DataReader 对象成功取得数据则传回 True，若没有取得数据则传回 False。这样一来就可以利用 While 循环来取得所有的数据，如以下程序所示。

```
while (reader.Read ( ))
    {
        Response.Write(reader["BookName"]+"  ");
        Response.Write(reader["OldPrice"]+"<BR>");
    }
```

 提示

DataReader 以独占方式使用 Connection 对象，在关闭 DataReader 之前，无法对 Connection 对象执行任何操作。所以，当读完数据时或不再使用 DataReader 时，要记住关闭 DataReader。此外，要访问相关 Command 对象的任何输出参数或返回值时，也必须在关闭 DataReader 后才可进行。

DataReader 对象的 Close 方法只关闭 DataReader 对象本身，要关闭与其相关联的 Connection 对象，则还需要调用 Connection 对象的 Close 方法。

当调用 Command 对象的 ExecuteReader 方法时，将其 Behavior 参数的值指定为 CommandBehavior. CloseConnection，则表示当关闭 DataReader 对象时，相关联的 Connection 对象也随之关闭。例如：

SqlDataReader dr=cmd.ExecuteReader(CommandBehavior.CloseConnection)；

上述代码行的作用是，当调用 Close 方法关闭 DataReder 时，系统会隐式地关闭底层连接。

4.6　DataSet、DataTable 对象

4.6.1　DataSet 对象

DataSet 对象可以视为一个内存数据库，是由许多数据表、数据表联系（Relation）、约束（Constraint）、记录（Row）以及字段（Column）对象的集合所组成。

DataSet 的结构也与数据库相似，DataSet 由一个或多个 DataTable 组成，DataTable 相当于数据库中的表，有列 DataColumn 与行 DataRow，分别对应于数据库的字段与数据行。DataSet 中的数据存放在 DataTable 中。DataSet、DataTable 的结构如图 4-5 所示。

DataSet 对象一个重要的特性是离线操作，即从数据库中取回数据，存到 DataSet 对象中后，程序可以马上断开与数据库的连接，用户可以对内存中 DataSet 中的数据进行增加、删除等操作，而当需要把改动反映到数据库时，只要重新与数据库建立连接，

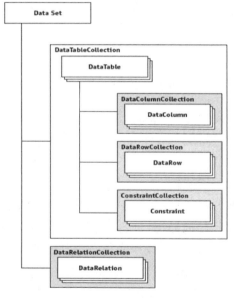

图 4-5　DataSet、DataTable 的结构

并利用相应的命令实现更新。这意味着程序和数据库的连接时间可以尽可能短，减少对数据库服务器资源的占用，这对于 Web 应用程序有着重要意义。

4.6.2　DataTable 对象

DataTable 是构成 DataSet 最主要的对象，DataTable 对象是由 DataColumns 集合以及 DataRows 集合所组成，DataSet 的数据就是存放在 DataTable 对象中。DataTable 对象的常用属性见表 4-7。

表 4-7　DataTable 对象的常用属性

属　　性	说　　明
CaseSensitive	表示执行字符串比较、查找以及过滤时是否区分大小写
Columns	DataTable 内的字段集合
Constraints	DataTable 的约束集合
DataSet	DataTable 对象所属 DataSet 名称
DefaultView	DataTable 对象的视图，可用来排序、过滤及查找数据
PrimaryKey	获取或设置 DataTable 的主键字段
Rows	DataTable 内的记录集合
TableName	DataTable 的名称

以下是 DataTable 对象的常用方法：

- AcceptChanges。确定 DataTable 所做的改变。
- Clear。清除 DataTable 内所有的数据。
- NewRow。增加一笔新的记录。

【例 4-8】用 DataSet、DataTable 读取数据，运行结果如图 4-6 所示。（DataTable Demo.aspx）

图 4-6　用 DataSet、DataTable 读取数据

```
protected void Page_Load(object sender, EventArgs e)
{
    string connStr = "server=(local);uid=sa;pwd=123;database=demo";
    SqlConnection conn = new SqlConnection(connStr);
    SqlDataAdapter da = new SqlDataAdapter("select * from users", conn);
    DataSet ds = new DataSet();
    da.Fill(ds, "users");
    DataTable dt = ds.Tables[0];

    Response.Write("----字段名----");
    Response.Write("<br/>");
```

```
        for (int i = 0; i < dt.Columns.Count; i++)
            Response.Write(dt.Columns[i].ColumnName + "<br/>");


        Response.Write("----数据----");
        Response.Write("<br/>");
        for (int i = 0; i < dt.Rows.Count; i++)
        Response.Write(dt.Rows[i]["username"].ToString() +"    "
         +dt.Rows[i]["realname"].ToString() +"<br/>");
    }
```

程序说明：

由于 DataSet 位于 System.Data 命名空间，因此程序要引入 System.Data 命名空间。

把数据填充到 DataSet，利用 DataAdapter 对象的 Fill 方法，在本例中，da.Fill(ds,"users")是关键，该语句执行以下操作：

1）自动打开 conn，即建立与数据库的连接。

2）在 DataSet 中创建一个 DataTable，其名为 users。

3）从数据库中取得数据，填充到 DataSet 对象的名为 users 的 DataTable 中。

4）自动关闭 conn，即断开与数据库的连接。

值得注意的是，DataAdapter 使用的 Connection 对象并不需先用 Open 方法打开。调用 DataAdapter 的 Fill 方法时，如果 Connection 没有打开，DataAdapter 会自动调用 Connection 的 Open 方法；DataAdapter 对数据源的操作完毕后，会自动将 Connection 关闭。如果在执行 Fill 方法时 Connection 已打开，在执行完毕后 DataAdapter 会维持 Connection 打开状态。

4.7 数据库操作类

从软件工程的角度，代码要尽可能的实现重用，或者说，同样的代码要避免重复编写。在前面的程序中，可以感觉到数据库操作的代码有许多重复的地方，因此，下面把对数据库操作的共同部分提炼出来，封装到一个类中，以后我们可以调用类中的方法，轻松地实现数据库的操作，并把编程的精力集中在实现应用的逻辑上。

数据库操作类 DBHelper.cs 的内容如下：

```
using System;
using System.Data;
using System.Configuration;
using System.Data.SqlClient;
using System.Collections;


public class DBHelper
```

第 4 章 A D O . N E T 数据库访问技术

Chapter
1

Chapter
2

Chapter
3

Chapter
4

Chapter
5

Chapter
6

Chapter
7

Chapter
8

Chapter
9

Chapter
10

Chapter
11

```
        {
            static SqlConnection conn = new
SqlConnection(System.Configuration.ConfigurationSettings.AppSettings["Db"]);

            private DBHelper()
            {

            }
            public static DataTable GetTable(string sql)
            {

                SqlDataAdapter sda = new SqlDataAdapter(sql, conn);
                DataTable table = new DataTable();
                sda.Fill(table);
                return table;
            }

            // 运行查询sql，返回数据集，带有参数
            public static DataTable GetTable(string sql, Hashtable ht)
            {

        SqlDataAdapter sda = new SqlDataAdapter(sql, conn);

                foreach (DictionaryEntry de in ht)
                {
                    sda.SelectCommand.Parameters.AddWithValue(de.Key.ToString(),
de.Value.ToString());
                }

                DataTable table = new DataTable();
                sda.Fill(table);
                return table;
            }


            // 运行sql语句，执行维护操作，没有参数

            public static int execSql(string sql)
            {
                int result;
                conn.Open();
                SqlCommand cmd = new SqlCommand(sql, conn);
                try
                {
                    result = cmd.ExecuteNonQuery();
                }
                finally
                {
```

```
                conn.Close( );

        }

        return result;
    }

    // 运行sql语句，执行维护操作，有参数
    public static int execSql(string sql, Hashtable ht)
    {
        int result;

        SqlCommand cmd = new SqlCommand(sql, conn);
        foreach (DictionaryEntry de in ht)
        {
            cmd.Parameters.AddWithValue(de.Key.ToString( ), de.Value.ToString( ));
        }
        conn.Open( );
        try
        {

            result = cmd.ExecuteNonQuery( );

        }
        finally
        {
            conn.Close( );

        }
        return result;
    }


    // 执行sql语句并返回执行结果中的第一列
    public static int execScalar(string sql)
    {
        int result;
        SqlCommand cmd = new SqlCommand(sql, conn);
        conn.Open( );
        try
        {
            result = Convert.ToInt32(cmd.ExecuteScalar( ));
        }
        finally
        {
            conn.Close( );

        }
```

```
        return result;
    }
    // 执行sql语句并返回执行结果中的第一列
    public static int execScalar(string sql, Hashtable ht)
    {
        int result;

        SqlCommand   cmd = new SqlCommand(sql, conn);

            foreach (DictionaryEntry de in ht)
        {
            cmd.Parameters.AddWithValue(de.Key.ToString( ), de.Value.ToString( ));
        }
        conn.Open( );
        try
        {
            result = Convert.ToInt32(cmd.ExecuteScalar( ));
        }
        finally
        {
            conn.Close( );

        }
        return result;
    }

}
```

【例 4-9】根据用户输入的姓名查询相应信息，使用 DBHelper 类操作数据库，运行结果如图 4-7 所示。

图 4-7 【例 4-9】运行结果

1）运行 Visual Studio2013，新建一个 ASP.NET 空网站。

2）在解决方案资源管理器中鼠标右击网站，在弹出菜单中选择"添加"—"添加 ASP.NET 文件夹"—"App_Code"向网站加入一个 App_Code 文件夹。

3）单击"网站"→"添加现有项"，找到 DBHelper.cs 文件后单击"添加"按钮，就可把 DBHelper.cs 加入到网站中。

4）在网站根目录的 web.Config 文件中配置数据库连接串，如图 4-8 所示。

图 4-8　配置数据库连接串

5）添加一个 Web 窗体 DBHelperDemo.aspx。

6）从"工具箱"的"标准"选项卡向 DBHelperDemo.aspx 拖入一个 TextBox 控件、一个 Button 控件；从"数据"选项卡向 DBHelperDemo.aspx 拖入一个 GridView 控件。设计界面如图 4-9 所示。

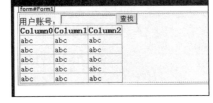

图 4-9　设计界面

7）编写 DBHelperDemo.aspx.cs 代码。

```
protected void Button_Click(object sender, EventArgs e)
{

    Hashtable ht = new Hashtable();
    ht.Add("UserName", TextBox1.Text);

    dg.DataSource = DBHelper.GetTable("select * from users where UserName=@UserName", ht);
    dg.DataBind();
}
```

习　题

1. .NET 提供程序模型的 4 个核心对象是什么？

2. 写一个连接到 SQL Server 数据库的连接程序,数据库服务器名为 TEACHER6\ STU, 登录名为 wjh，密码为 1。

3. 编程显示 Demo 数据库的 news 表内的所有数据。

4. ADO.NET 中的什么对象支持数据的离线访问？

5. DataReader 的特点是什么？

6. 上机调试书中例题。

第 5 章

VS.NET 开发会员管理系统

Chapter 05

本章目标

➢ VS.NET 中的表格操作

➢ 程序排错与调试

➢ Session 对象

➢ 编程规范

➢ 开发会员管理系统

5.1 项目基础

5.1.1 VS.NET 中的表格操作

在网页制作中，表格是布局的一种重要手段，在 ASP.NET 程序中，表格的使用同样重要。在后面的案例中，也有许多地方会用到表格。

1. 插入表格

在菜单中单击"表"→"插入表格"命令，出现如图 5-1 所示的"插入表格"对话框。

设置好行、列等属性后按"确定"按钮即可在页面中插入一个表格。

2. 选择表、行、列、单元格

当鼠标在表格上边框移动出现⊕图标时单击表格即可选中表格；当鼠标在表格左边框移动出现➡图标时单击即可选中行；当鼠标在表格上边框移动出现⬇图标时单击即可选中列；当鼠标在单元格上移动出现↗图标时单击即可选中单元格，要选择更多单元格，

图 5-1 "插入表格"对话框

可以按下<Ctrl>键后用同样方式继续选择。

3. 设置属性

当选中表、行、列、单元格后，就可以在属性窗口中设置其属性，图 5-2 显示了单元格的属性。对于表格，我们用它布局时，一般不希望它在页面上显示，通常设 Border 为 0。

4. 单元格的合并

要合并单元格，先选中要合并的单元格，单击鼠标右键，选择"修改"→"合并单元格"命令即可。

5. 行、列的插入与删除

图 5-2　单元格的属性面板

在表格上方单击鼠标右键，在弹出菜单选择插入、删除的相应项即可。

5.1.2　程序排错与调试

代码中有错误是在所难免的，无论多么优秀的程序员，编写程序时总是会有一些问题。这就要求程序员熟练掌握调试的技巧，才能迅速找到问题所在并改正。

1. 错误类型

程序错误通常有 3 种类型：语法错误、运行错误及算法和逻辑错误。语法错误表示代码违反了编译器的语法约定，代码不能被编译器理解。运行错误是程序试图完成不允许的操作。算法和逻辑错误是程序运行后得不到正确的结果。

（1）语法错误　当编译器不能理解代码行时，就发生语法错误。最常见的语法错误有关键字拼写错误、缺少语句结束符";"、括号（圆括号（）、方括号[ ]和花括号{}）缺少一边、引用未定义的标识符或者使用一个不正确的语句结构等。

当发生语法错误时，编译器会停止编译，并弹出一个错误报告，如图 5-3 所示。

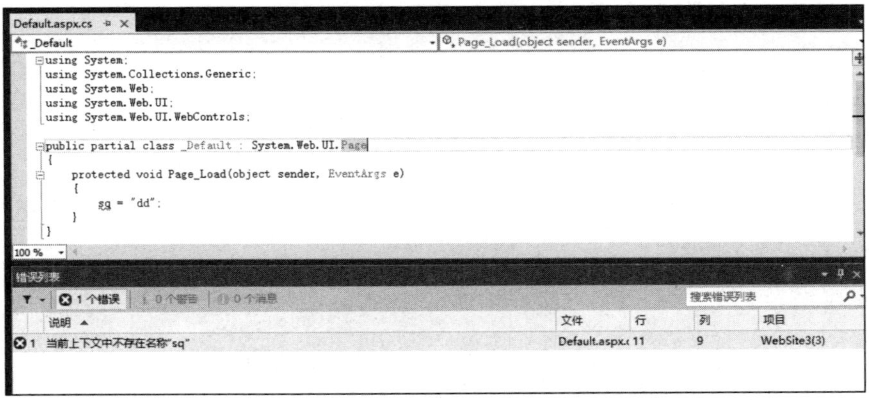

图 5-3　错误报告

在错误报告信息框中的某条错误信息上双击，光标会跳到编辑窗口中与之对应的那条出错语句上，以便进行修改。

（2）运行错误　运行错误是在程序运行后出错，需使用调试器仔细分析。

（3）算法和逻辑错误　算法和逻辑错误指的是程序能很好地运行，不会有任何错误报告和异常出现，但程序得到的结果却不是程序员所需要的。

逻辑错误是程序代码逻辑混乱造成的；算法错误是数学模型出了问题。

2. 使用调试器

熟练地使用调试器，可以迅速地找出程序的逻辑错误。要想监视程序执行，必须设置一个断点。设置断点后，程序执行到此就会暂停。断点的标志是左页边上的大圆点，只需在希望设置断点的那一行的左侧单击，即可设置断点；在断点处左侧再次单击，就可移除断点。注意，断点的设置要在程序启动之前进行。调试开始后调试器就会在每个断点位置暂停，如图5-4所示。

同时在屏幕的下方出现一个局部变量窗口，该窗口也可通过"调试—窗口—局部变量"菜单打开，如图5-5所示。

图5-4　调试器在断点位置暂停

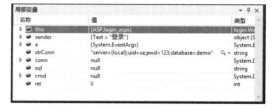

图5-5　局部变量窗口

在局部变量窗口中可以检查当前的变量名、变量的类型和变量的值。

（1）逐语句运行方式　在集成环境中按<F11>键，即进入逐语句运行方式，每按一次<F11>键就运行一个语句。正在运行的当前语句有一个黄色箭头指向它，并被一条黄带盖住。

采用逐语句方式运行程序，可以在代码窗口中观察程序经过的语句流程，来判别它与设计意图中的流程是否吻合，从中来发现逻辑问题。

（2）逐过程运行方式　在集成环境中按<F10>键，即进入逐过程运行方式。逐过程运行方式遇到一个函数调用时，逐过程执行整个函数的调用并且前进到下一行。

（3）运行到光标处方式　在代码窗口的某行单击右键，在快捷菜单上单击"运行到光标处"命令，会执行光标前面的所有行，直到光标处为止。可使用这个选项来跳过前面那些被认为没有问题而不需要单步执行的语句，加快调试速度，如用于跳过没有问题的大循环。程序执行到光标处会停下来。

（4）断点窗口　单击菜单"调试—窗口—断点"命令，可以打开断点窗口，如图5-6所示。

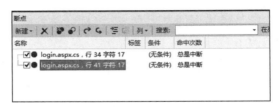

图 5-6　断点窗口

通过断点窗口来管理断点，显得十分方便。断点窗口显示了所有的断点，断点所在的行号，设定的条件、命中次数及断点状态等一目了然。在此窗口中，可以删除、清除、禁用断点，单击"新建"链接，可以启动新建断点窗口，单击"属性"链接，可以启动断点属性设置窗口。

（5）停止调试　若想退出调试状态，单击菜单"调试—停止调试"，或按下<Shift+F5>组合键，即可停止调试，回到编辑状态。

3．调试实例

【例 5-1】下面为一个登录页面（见图 5-7）中单击"登录"按钮时的代码，在 Users 表中有 UserName 为 hello、Password 为 123 的用户，但在运行中输入用户名 hello 和密码 123 却提示登录失败，如图 5-8 所示。

图 5-7　登录页面的设计

图 5-8　登录失败

单击"登录"按钮的响应代码如下。

```csharp
protected void btnSubmit_Click(object sender, System.EventArgs e)
{
    if (Page.IsValid)
    {
        string strConn = "server=(local);uid=sa;pwd=123;database=demo";
        SqlConnection conn = new SqlConnection(strConn);
        string sql;
        //根据用户输入的用户名与密码动态组合成一个查询
        sql = "select count(*) from Users where UserName='" + txtUserName +
              "' and Password='" + txtPwd + "'";

        SqlCommand cmd = new SqlCommand(sql, conn);
        conn.Open();
```

```
        int ret = (int)cmd.ExecuteScalar( ); //ret 查询返回的记录条数
        conn.Close( );
        if (ret <= 0)    //如果没有返回记录
        {
                Response.Write("<script>alert(\"登录失败!用户名或密码错
误!\")</script>");
        }
        else
        {
                Response.Write("<script>alert(\"登录成功!\")</script>");
        }
    }

    }
```

在编程中出现错误是很正常的，关键要掌握正确有效的排错手段。VS.NET 提供了非常强大的调试功能，读者一定要充分加以利用。下面利用 VS.NET 的调试功能来查找问题所在。

首先，在希望设置断点的那一行的左侧单击设置一个断点，如图 5-9 所示。以便运行时可以查看变量的值，通过观察变量的值是否正确来发现问题。

图 5-9　设置断点

然后，单击▶图标启动系统，在页面中输入用户名 hello 和密码 123，单击"登录"按钮，这时由于设置了断点，运行至断点处程序就会停下，并转至 VS.NET 的调试窗口，如图 5-10 所示。

图 5-10　VS.NET 的调试窗口

接着，每按一次<F10>键就可以使程序运行一条语句，把鼠标指针放在变量上面，会自动提示变量的当前值，如图 5-11 所示，由于目前 sql 变量还没有赋值，所以当前值为 null。

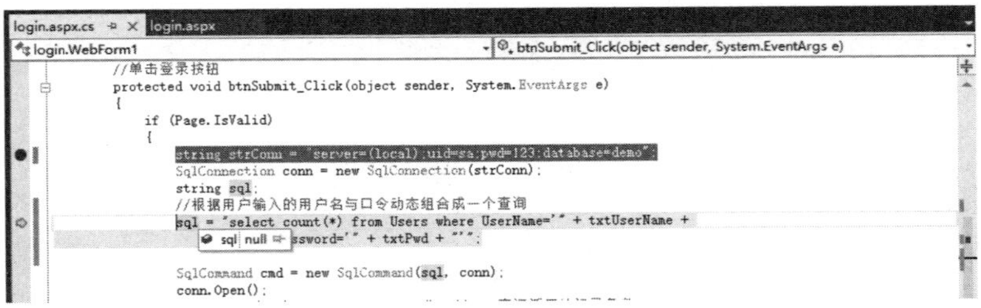

图 5-11　自动提示变量的当前值 sql=null

现在还没有看出变量的值有什么异常，继续按<F10>键，然后查看 sql 的值，再次把鼠标指针放在变量 sql 上面，在提示中可以看到 sql 变量已赋值，如图 5-12 所示。但其值不是我们预先希望的 SQL 语句：select count(*) from Users where UserName='1' and Password='1'

图 5-12　sql 变量的值

可见，错误在于动态组合生成的 SQL 语句错误，仔细察看 sql 的赋值语句，取用户名和密码应该用 txtUserName.Text 和 txtPwd.Text，而程序中由于疏忽写成了控件名 txtUserName 和 txtPwd，应该改为：

sql="select count(*) from Users where UserName='"+txtUserName.Text+
　　　"' and Password='"+txtPwd.Text+"'";

现在可以单击图标■停止调试，纠正错误即可。

5.1.3　Session 对象

会话状态（Session State）是为单个用户保留的状态。在网站中，每一个新访问的用户都将产生自己的会话（Session）对象。这个 Session 对象在服务器端进行管理，只能为当前访问的用户服务。如果另一位用户也进入网站，他也将拥有自己的 Session 对象，两个用户的 Session 对象之间即使同名，也不能共享同一个 Session 对象。

1. Session 对象的生命周期

Session 对象也有其生命周期。在默认的情况下，如果浏览器在 20 分钟内没有再访问网站中的任何网页，则该网站为其建立的 Session 对象将自动释放。

当网页使用者关掉浏览器或超过设定 Session 对象的有效时间时，Session 对象变量就会消失。

有时候使用者正在浏览网页时，突然去做其他的事情而没有把网页关闭，如果服务器一直浪费资源在管理这些 Session 对象上，那么势必会让服务器的效率降低。所以当使用者超过一段时间没有动作时，网站就可以将 Session 对象释放。要更改 Session 对象的有效期限，只要设定 TimeOut 属性即可，TimeOut 属性的默认值是 20 分钟。

下列语句将 Session 对象的 TimeOut 属性设定为 1 分钟：

Session.Timeout=1;

有些网站提供了注销方法,如果需要终止 Session 对象的使用时,可以调用 Abandon( ) 方法。语句如下：

Session.Abandon( );

通过调用 Session.Clear( )方法，可以清空所有的会话变量。

2．Session 对象的读写

写数据到 Session 对象中用如下格式：

Session["变量名"]="内容"

例如：当用户登录成功后，把用户名存到名为 UserName 的 Session 对象中：
Session["UserName"]="小王"

下面代码读取 UserName 的 Session 对象值：

string s;
s= Session["UserName"].ToString( );

3．Session 对象应用举例

【例 5-2】实现登录并用 Session 对象保存用户名,运行 login.aspx,页面如图 5-13～图 5-15 所示。

图 5-13 初始页面

输入用户名 asp，口令 123，单击"登录"按钮，登录成功，跳转到主页面，如图 5-14 所示，图中的 asp 在 Session 中读出。

输入其他用户名与口令，单击"登录"按钮，提示失败，如图 5-15 所示。

图 5-14 登录成功

图 5-15 登录失败

1）运行 VS2013。

2）创建一个 ASP.NET 空网站。

3）添加一个 Web 页 login.aspx，设计页面如图 5-16 所示。

图 5-16 设计页面

4）为登录按钮编写代码。

```
protected void Button1_Click(object sender, EventArgs e)
{
    if (txtUser.Text=="asp"&&txtPwd.Text=="123")
    {
        Session["user"] = "asp";      //把用户名保存到Session中
        Response.Redirect("main.aspx");
    }
    else
        Response.Write("用户名或口令错误");
}
```

5）添加一个 Web 页 main.aspx，编写如下代码。

```
protected void Page_Load(object sender, EventArgs e)
{
    if (Session["user"]!= null)
        Response.Write("欢迎" + Session["user"].ToString( ));
    else
        Response.Redirect("login.aspx");
}
```

5.1.4 编程规范

拥有良好的编码风格或习惯可以大大提高编程效率，尤其是在目前软件项目越来越大、越来越要求团队合作的情况下。下面介绍一下开发应用程序时要注意与使用的一些约定。当然这些约定并不是必须遵守的，个人或团队可以有自己的约定。

1．方法、属性、变量命名规范

方法、属性和变量命名应尽量遵循下列规范。

- 避免容易被主观解释的难懂的名称，如方法名 DoThis( )，或者属性名 xy6。这样的名称会导致多义性。
- 在面向对象的语言中，在类属性的名称中包含类名是多余的，如 Book.BookTitle（应该为 Book.Title）。
- 使用动词–名词的方法来命名对给定对象执行特定操作的例程，如 CalculateInvoiceTotal( )。
- 使用大小写混合的格式，对例程名称每个单词的第一个字母都是大写的。对于变量名，除第一个单词外每个单词的第一个字母都是大写的。
- 布尔变量名应该包含 Is，这意味着 Yes/No 或 True/False 值，如 IsAdmin。
- 即使对于可能仅出现在几个代码行中的生存期很短的变量，仍然使用有意义的名称。仅对于短循环索引使用单字母变量名，如 i 或 j。
- 可能的情况下，尽量不要使用原意数字或原意字符串，如 For i = 1 To 7。而是使用命名常数，如 For i = 1 To NUM_DAYS_IN_WEEK 以便于维护和理解。

2. Web 控件的命名

Web 控件用控件名缩写+控件作用单词的全称来命名，单词的第一个字母必须大写，如果有多个单词，则为控件名缩写+控件作用的第一个单词全称+第二个单词的全称，每个单词名的第一个字母必须大写，如 txtPassword（密码文本框）、btnSubmit（提交按钮）。建议使用的服务器控件名缩写见表 5-1。

表 5-1　常用服务器控件名缩写

Web 控件名	缩　写	Web 控件名	缩　写
AdRotator	art	ListBox	lst
Button	btn	Panel	pl
Calendar	cd	PlaceHolder	ph
CheckBox	chk	RadioButton	rb
CheckBoxList	chkl	RadioButtonList	rbl
CompareValidator	cpv	RangeValidator	rv
CustomValidator	ctv	RegularExpressionValidator	rev
DataList	dl	RequiredFieldValidator	rfv
DropDownList	ddl	Table	tb
HyperLink	hl	TableCell	tc
Image	img	TableRow	tr
ImageButton	Ibtn	TextBox	txt
Label	lbl	ValidationSummary	vs
LinkButton	lbtn	XML	XML

3. 代码书写规范

代码书写应尽量遵循下列规范：

- 建立标准的缩进大小（如四个空格），并一致地使用此标准。用规定的缩进对齐代码节。
- 为注释和代码建立最大的行长度，以避免滚动源代码编辑器，并且可以提供整齐的硬拷贝表示形式。
- 使用空白为源代码提供结构线索。这样做会创建代码"段"，有助于读者理解软件的逻辑分段。
- 当一行内容太长而必须换行时，在后面换行代码中要使用缩进格式，如下：

```
string inserString = "Insert Into Users(username,password,email,sex,address)"+
"Values('Soholife','chenyp','soholife@sina.com','male','北京 ')";
```

- 只要合适，每一行上放置的语句避免超过一条。

4. 注释

使用注释应注意以下几点：

- 在每个例程的开始，提供标准的注释以指示例程的用途、假设和限制等。注释应该是解释它为什么存在和可以做什么的简短介绍。
- 如果需要用注释来解释复杂的代码节，请检查此代码以确定是否应该重写它。尽一切可能不注释难以理解的代码，而应该重写它。尽管一般不应该为了使代码更简单以便于人们使用而牺牲性能，但必须保持性能和可维护性之间的平衡。

● 注释应该阐明代码，而不应该增加多义性。

5. 不规范代码实例

【例 5-3】下面是一个代码不够规范的例子。在代码中动态向三个 DropDownList 控件添加年月日数据，效果如图 5-17 所示。该代码的主要问题是：

1）没有采用有意义的名字为三个 DropDownList 控件命名。

2）没有为代码添加注释。

这样的代码在功能上没有什么问题，但由于不规范，会对代码的阅读与维护带来困难，而且编程时也易于发生错误。

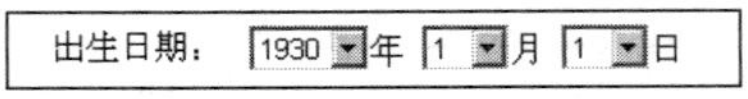

图 5-17　不规范代码例子的界面

```csharp
private void Page_Load(object sender, System.EventArgs e)
{
    int i;
    for(i=1930;i<=Convert.ToInt32(DateTime.Now.Year);i++)
        DropDownList2.Items.Add(i.ToString());
    for(i=1;i<=12;i++)
        DropDownList3.Items.Add(i.ToString());
    for(i=1;i<=31;i++)
        DropDownList4.Items.Add(i.ToString());
}
```

从规范化的角度，可以做如下的修改。

```csharp
private void Page_Load(object sender, System.EventArgs e)
{
    int i;
    //填充年
    for(i=1930;i<=Convert.ToInt32(DateTime.Now.Year);i++)
        ddlYear.Items.Add(i.ToString());
    //填充月
    for(i=1;i<=12;i++)
        ddlMonth.Items.Add(i.ToString());
    //填充日
    for(i=1;i<=31;i++)
        ddlDay.Items.Add(i.ToString());
}
```

当然，相应的要把年、月、日三个 DropDownList 控件命名为 ddlYear、ddlMonth 和 ddlDay。

5.2 会员管理系统

5.2.1 系统分析与设计

会员管理系统是一般商务网站都具有的子系统，主要用于对一些敏感数据、网页的保护以及提供一些营利性质的信息服务。当用户要求访问这些网页时，系统将对其进行身份验证，以确认其访问权限。会员管理系统一般需要实现下面功能：

- 会员登录页面。
- 注册页面。
- 修改个人信息的页面。
- 查看个人注册信息的页面。
- 提供密码查询功能。

会员管理系统的程序文件见表5-2。

表 5-2　会员管理系统的程序文件

文　　件	说　　明
Login.aspx	会员登录页面
Default.aspx	主页面
Register.aspx	注册页面
Person.aspx	查看个人注册信息的页面
Edit.aspx	修改个人信息的页面
Step1.aspx	密码查询步骤1页面
Step2.aspx	密码查询步骤2页面

系统文件结构图如图5-18所示。

该系统只需要一个用户表Users，为了简化问题，如身份证号、电话号码等信息没有作为字段，表的结构如图5-19所示。

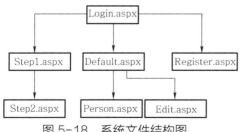

图 5-18　系统文件结构图　　　　图 5-19　用户表 Users 的结构

5.2.2 系统的运行界面

首先运行login.aspx，进入用户登录页面，如图5-20所示，输入合法的用户名hello与密码123，单击"登录"按钮就可以进入到主页面，如图5-21所示。该主页面只有"查看个人资料"和"修改个人资料"两个链接，这两个链接分别指向显示个人信息页面（见

图 5-22）和修改个人信息页面（见图 5-23）。

在用户登录页面单击"注册"，可以进入到注册页面，如图 5-24 所示；单击"忘记密码"，可以转到"取回密码"的相关页面，取回密码分为两步完成，首先输入用户名，然后系统取出该用户的提问信息（见图 5-25），要求用户输入答案（见图 5-26），如果答案正确，则显示用户密码（见图 5-27）。

图 5-20　登录页面

图 5-21　主页面

图 5-22　显示个人信息页面

图 5-23　修改个人信息页面

图 5-24　注册页面

图 5-25　取回密码步骤 1 页面

图 5-26　取回密码步骤 2 页面

图 5-27　显示用户密码

5.2.3　网站准备

网站的准备工作如下：

1）新建一个 ASP.NET 空网站 Member。

2）向网站添加一个 App_Code 文件夹，把 DBHelper.cs 加入 App_Code 文件夹。

3）配置 web.config。

```
<configuration>
  <appSettings>
    <add key="Db"
          value="server=(local);uid=sa;pwd=123;database=demo"/>
    <add key="ValidationSettings:UnobtrusiveValidationMode" value="None"/>

  </appSettings>
  <system.web>
    <compilation debug="true" targetFramework="4.5" />
    <httpRuntime targetFramework="4.5" />
  </system.web>

</configuration>
```

5.2.4　登录页面

1．模块设计

功能：验证用户身份，只允许合法用户进入系统。

输入：无。

输出：Session["UserName"]。

页面设计：参考图 5-20。

主要逻辑：

判断用户是否合法的逻辑是在数据库中查询符合用户输入的用户名与密码的记录，如果没有找到，说明用户输入不正确，要么没有该用户，要么用户的密码不正确，总之是登录失败。

2. 实现步骤

1）创建一个 C# 的 Web 项目，项目名为 Member；向 Member 项目添加一个 login.aspx 页面，并把 login.aspx 页面设为起始页，login.aspx 页面设计如图 5-28 所示。

图 5-28 login.aspx 页面的设计

各控件的设置见表 5-3。

表 5-3 login.aspx 页面各控件的设置

控 件 ID	控 件 类 型	属 性 名	属 性 值
Table1	HTML 表格	行列	5 行 2 列
		align	center
		border	0
txtUserName	TextBox		
txtPwd	TextBox	TextMode	Password
btnReset	Button	Text	重置
btnSubmit	Button	Text	登录
RequiredFieldValidator1	RequiredFieldValidator	ControlToValidate	txtUserName
		Text	用户名不能为空
RequiredFieldValidator2	RequiredFieldValidator	ControlToValidate	txtPwd
		Text	密码不能为空
lnkGetpwd	LinkButton	CausesValidation	False
		Text	忘记密码
lnkRegister	LinkButton	CausesValidation	False
		Text	注册

程序说明：

➢ 在 ASP.NET 程序中，通常用表格来进行布局。

➢ "忘记密码""注册"两个按钮的 CausesValidation 属性必须设为 False，其意义是指单击按钮时不要执行窗体验证，否则的话，如果用户名或密码为空时单击"注册"按钮，由于 RequiredFieldValidator 验证不能通过，会导致"注册"事件无法执行，这显然是不合理的，只要设置了 CausesValidation 属性为 False 就不会出现这种情况。

2）为事件编程，代码如下。

```
//单击登录按钮
```

```csharp
protected void btnSubmit_Click(object sender, System.EventArgs e)
{
    if (Page.IsValid)
    {

        string userName = "";    //用户名
        string pwd = "";         //密码
        userName = txtUserName.Text.Trim();
        pwd = txtPwd.Text.Trim();
        string sql;
        //根据用户输入的用户名与密码动态组合成一个查询
        sql = "select count(*) from Users where UserName='" + userName + "' and
Password='" + pwd + "'";

        int ret = DBHelper.execScalar(sql); //ret 查询返回的记录条数

        if (ret <= 0)   //如果没有返回记录
        {
            Response.Write("<script>alert(\"登录失败!用户名或密码错误!\")</script>");
        }
        else
        {
            //把用户名存在Session["UserName"]中
            Session["UserName"] = userName;
            //转向Default.aspx页面
            Response.Redirect("Default.aspx");
        }
    }

}
//单击注册按钮
protected void lnkRegister_Click(object sender, System.EventArgs e)
{
    Response.Redirect("Register.aspx");
}
//单击取回密码按钮
protected void lnkGetpwd_Click(object sender, System.EventArgs e)
{
    Response.Redirect("step1.aspx");
}
//单击重置按钮
protected void btnReset_Click(object sender, System.EventArgs e)
{
    txtPwd.Text = "";
    txtUserName.Text = "";
}
```

程序说明：

1）页面之间导航与转向用 Response.Redirect("要转向的页面")，如 Response.Redirect("Default.aspx")表示转到主页面 Default.aspx。

2）用户登录成功后，登录的用户名信息应该保存，以备后用。这儿使用了 Session 变量，存在 Session 变量中的值在未关闭网页之前能够一直保存。下面语句把用户名 userName 存在 Session["UserName"]中：

Session["UserName"]=userName;

在其他网页中可以从 Session["UserName"]中取出登录的用户名：

userName= Session["UserName"].ToString( );

3）下列语句使用 Javascript 脚本弹出错误提示框。

Response.Write("<script>alert(\"登录失败!用户名或密码错误!\")</script>");

Javascript 脚本语言在客户端运行，由于无须从服务器返回，因而反应快，且不占用服务器的资源，ASP.NET 中常用它来实现一些特殊的功能，此处使用 alert 函数来弹出警告窗口。

5.2.5　主页面

1．模块设计

功能：系统主页，这里仅仅是一个最简单的主页，可以根据具体情况进行设计。

输入：Session["UserName"]。

输出：无。

页面设计：参考图 5-21。

主要逻辑：如果未登录，则转向登录页面 login.aspx。

2．实现步骤

1）向 Member 项目添加一个 Default.aspx 页面，页面设计如图 5-29 所示。

各控件的设置见表 5-4。

图 5-29　Default.aspx 页面的设计

表 5-4　Default.aspx 页面各控件的设置

控 件 ID	控 件 类 型	属 性 名	属 性 值
Label1	Label	ForeColor	SeaGreen
		Font-Size	X-Large
		Text	欢迎光临我的网站!
HyperLink1	HyperLink	NavigateUrl	Person.aspx
		Text	查看个人资料
HyperLink2	HyperLink	NavigateUrl	Edit.aspx
		Text	修改个人资料

2）为事件编程，代码如下。

```
protected void Page_Load(object sender, EventArgs e)
{
    if (Session["UserName"] == null || Session["UserName"].ToString( ) == "")
    {
        //如果未登录，则转向登录页面
        Response.Redirect("login.aspx");
    }
}
```

5.2.6 注册页面

1．模块设计

功能：新用户注册。

输入：无。

输出：Session["UserName"]。

页面设计：参考图5-24。

主要逻辑：

● 对用户的输入进行合理性验证，如果有错误，给出相应的提示。

● 根据用户的输入，在users表中增加一条用户记录。

2．实现步骤

1）向Member项目添加一个Register.aspx页面，页面设计如图5-30所示。

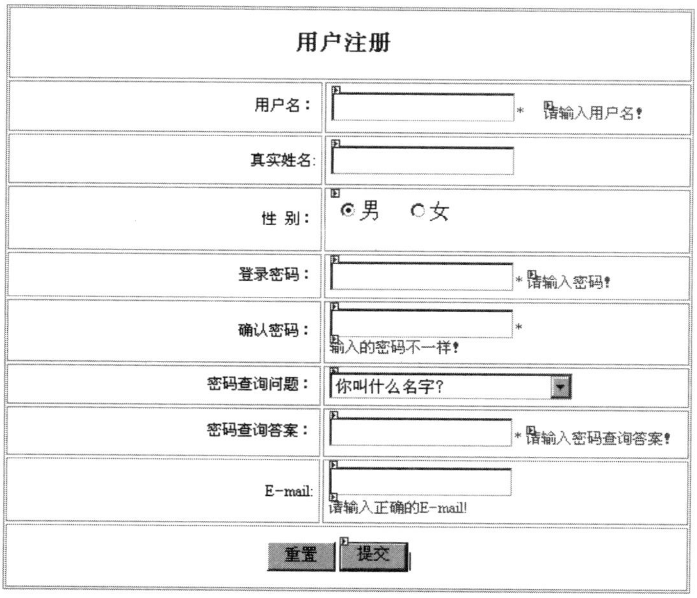

图5-30 Register.aspx页面的设计

各控件的设置见表5-5。

表 5-5 Register.aspx 页面各控件的设置

控 件 ID	控 件 类 型	属 性 名	属 性 值
	HTML 表格	行列	10 行 2 列
		align	center
		border	0
		style	FONT-SIZE: 9pt
		cellPadding	5
txtName	TextBox		
txtPwd1	TextBox		
txtPwd2	TextBox		
txtAnswer	TextBox		
txtEmail	TextBox		
txtRealName	TextBox		
lstSex	RadioButtonList	Items	男、女
		RepeatDirection	Horizontal
lstQuestion	DropDownList	Items	Text=你叫什么名字？ Text=你最喜欢的动物？ Text=你最喜欢的明星？
btnSubmit	Button		
	\<INPUT type="reset" >	value	重置
RequireUserName	RequiredFieldValidator	ControlToValidate	RequireUserName
		Text	请输入用户名！
RequirePwd	RequiredFieldValidator	ControlToValidate	txtPwd1
		Text	请输入密码！
RequireAnswer	RequiredFieldValidator	ControlToValidate	txtAnswer
		Text	请输入密码查询答案！
ComparePwd	CompareValidator	ControlToValidate	txtPwd1
		ControlToCompare	txtPwd1
		Text	输入的密码不一样！
RegularEmail	RegularExpressionValidator	ControlToValidate	txtEmail
		Text	请输入正确的 E-mail！
		ValidationExpression	\w+([-+.]\w+)*@\w+([-.]\w+)*\.\w+([-.]\w+)*

程序说明：

"重置"按钮用的是一个 HTML 的 INPUT 标记：

\<INPUT style="WIDTH: 54px; HEIGHT: 24px" type="reset" value="重置">

注意：其 type 属性为"reset"，表示是"重置"按钮，这样当单击该按钮时，无须编码，就会自动清除整个 Form 中用户的输入，恢复到原始的状态。Style 为样式，限定了按钮的大小。

2）为事件编程，代码如下。

```
        //单击提交按钮
    protected void btnSubmit_Click(object sender, System.EventArgs e)
    {
        if (Page.IsValid)
```

```
        {
            string userName = txtName.Text.Trim( );
            //判断输入的用户名是否存在
            string sql = "select count(*) from Users where UserName='" + userName + "'";
            int n = DBHelper.execScalar(sql);
            if (n > 0)
            {
                Response.Write("<script>alert(\"提示：用户名已存在！\")</script>");
                return;
            }

            //构建加入注册记录的SQL语句
            sql = "INSERT INTO " +
            "Users(UserName,RealName,Sex,[Password],Question,Answer,Email)" +
            "values(@UserName,@RealName,@Sex,@Password,@Question,@Answer,@E
            mail)";

            Hashtable ht = new Hashtable( );
            ht.Add("UserName", userName);
            ht.Add("realname", txtRealName.Text.Trim( ));
            ht.Add("sex", lstSex.SelectedItem.Text.Trim( ));
            ht.Add("Password", txtPwd1.Text.Trim( ));
            ht.Add("question",   lstQuestion.SelectedItem.Text);
            ht.Add("answer",txtAnswer.Text.Trim( ));
            ht.Add("email", txtEmail.Text.Trim( ));
            DBHelper.execSql(sql, ht);

            Session["UserName"] = userName;
            Response.Redirect("Default.aspx");
        }

    }
```

5.2.7 显示个人信息页面

1. 模块设计

功能：显示个人信息。

输入：Session["UserName"]。

输出：无。

页面设计：参考图 5-22。

主要逻辑：

- 如果未登录，则转向登录页面 login.aspx。
- 从数据库中取回当前用户的信息，显示在窗体上。

2. 实现步骤

1）向 Member 项目添加一个 Person.aspx 页面，页面设计如图 5-31 所示。

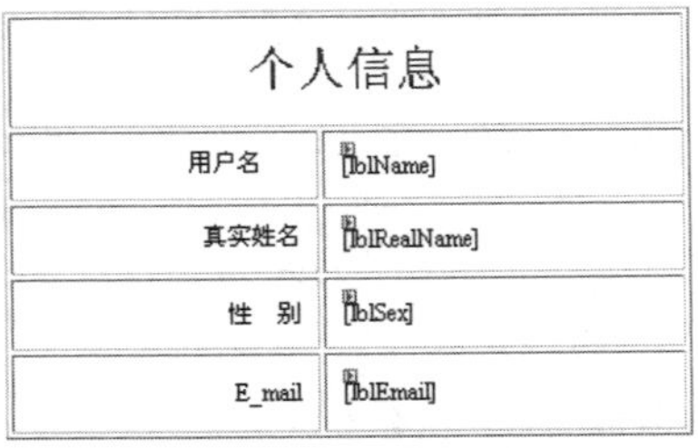

图 5-31　Person.aspx 页面的设计

各控件的设置见表 5-6。

表 5-6　Person.aspx 页面各控件的设置

控 件 ID	控 件 类 型	属 性 名	属 性 值
Table1	HTML 表格	行列	5 行 2 列
		align	center
		border	1
		style	FONT-SIZE: 9pt
		cellSpacing	2
		cellPadding	8
lblName	Label		
lblSex	Label		
lblRealName	Label		
lblEmail	Label		

2）为事件编程，代码如下。

```
protected void Page_Load(object sender, System.EventArgs e)
    {

        if (Session["UserName"] != null && Session["UserName"].ToString() != "")
        //    if(Session["UserName"].ToString()!=""&&Session["UserName"]!=null )
        {
            if (!Page.IsPostBack)
            {
                ShowUserInfo();
            }
        }
        //如果未登录，转到登录页面
```

094

```
            else
            {
                Response.Redirect("login.aspx");
            }
        }
        //显示个人信息
        public void ShowUserInfo( )
        {

            //从数据库读取个人信息
            lblName.Text = Session["UserName"].ToString( );
            string sql = "select RealName,Sex,Email from Users where UserName='" +
lblName.Text + "'";
            DataTable dt = DBHelper.GetTable(sql);

            //把个人信息显示在网页上
            lblRealName.Text =dt.Rows[0]["RealName"].ToString( );
            lblSex.Text = dt.Rows[0]["Sex"].ToString( );
            lblEmail.Text = dt.Rows[0]["Email"].ToString( );
        }
```

程序说明：

语句 if (Session["UserName"]!=null && Session["UserName"].ToString( )!="")判断用户是否已登录。值得注意的是，Session["UserName"]!=null 条件必须写在前面，如果 if 语句如下：

if (Session["UserName"].ToString( )!=""&&Session["UserName"]!=null)

则运行时很可能会出现"未将对象引用设置到对象的实例"的错误。

5.2.8 修改个人信息页面

1. 模块设计

功能：修改个人信息。

输入：Session["UserName"]。

输出：无。

页面设计：参考图 5-23。

主要逻辑：

● 如果未登录，则转向登录页面 login.aspx。

● 在 Page_Load 事件中，从数据库中取回当前用户的信息，显示在窗体上。

● 在"提交"事件中把用户的修改写入数据库。

2. 实现步骤

1）向 Member 项目添加一个 Edit.aspx 页面，页面设计如图 5-32 所示。

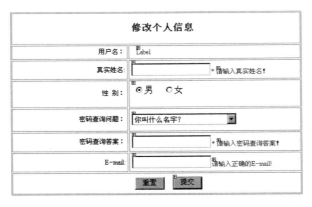

图 5-32 Edit.aspx 页面的设计

各控件的设置见表 5-7。

表 5-7 Edit.aspx 页面各控件的设置

控件 ID	控件类型	属 性 名	属 性 值
	HTML 表格	行列	8 行 2 列
		align	center
		border	0
Label1	Label		
txtRealName	TextBox		
lstSex	RadioButtonList	RepeatDirection	Horizontal
		Items	男、女
lstQuestion	DropDownList	Items	你叫什么名字？ 你最喜欢的动物？ 你最喜欢的明星？
txtAnswer	TextBox		
txtEmail	TextBox		
btnSubmit	Button	Text	提交
lblUserName	Label		
RequireRealName	RequiredFieldValidator	ControlToValidate	txtRealName
		Text	请输入真实姓名！
RequireAnswer	RequiredFieldValidator	ControlToValidate	txtAnswer
		Text	请输入密码查询答案！
RegularEmail	RegularExpressionValidator1	ControlToValidate	txtEmail
		Text	请输入正确的 E-mail!
		ValidationExpression	\w+([-+.]\w+)*@\w+([-.]\w+)*\.\w+([-.]\w+)*

2）为事件编程，代码如下。

```
protected void Page_Load(object sender, System.EventArgs e)
{
    if (Session["UserName"] != null && Session["UserName"].ToString() != "")
    {
        if (!Page.IsPostBack)
        {
            ShowUserInfo();
        }
    }
    else
    {
        Response.Redirect("login.aspx");
    }

}

//显示用户的当前信息
public void ShowUserInfo()
{
    string strConn = System.Configuration.ConfigurationManager.AppSettings["DSN"];
    SqlConnection conn = new SqlConnection(strConn);
    lblUserName.Text = Session["UserName"].ToString();
    //从数据库读取用户信息
    string sql = "select * from Users where UserName='" + lblUserName.Text + "'";
    DataTable dt = DBHelper.GetTable(sql);

    //把用户信息显示在页面上
    txtRealName.Text =dt.Rows[0]["RealName"].ToString();
    lstSex.SelectedValue = dt.Rows[0]["Sex"].ToString();
    lstQuestion.SelectedValue = dt.Rows[0]["Question"].ToString();
    txtAnswer.Text = dt.Rows[0]["Answer"].ToString();
    txtEmail.Text = dt.Rows[0]["Email"].ToString();

}
//单击提交按钮
protected void btnSubmit_Click(object sender, System.EventArgs e)
```

```
        {
            if (Page.IsValid)
            {
                string strConn =
System.Configuration.ConfigurationManager.AppSettings["DSN"];
                SqlConnection conn = new SqlConnection(strConn);
                string name, realName, sex, pwd, question, answer, email;
                //获取用户输入
                name = Session["UserName"].ToString();
                realName = txtRealName.Text.Trim();
                sex = lstSex.SelectedItem.Text.Trim();
                question = lstQuestion.SelectedItem.Text;
                answer = txtAnswer.Text.Trim();
                email = txtEmail.Text.Trim();
                //构建UPDATE语句
                string sql = @"UPDATE Users SET RealName=@RealName,Sex=@Sex," +
                "Question=@Question,Answer=@Answer,Email=@Email WHERE UserName='"
                + name + "'";

                Hashtable ht = new Hashtable();
                ht.Add("realname", realName);
                ht.Add("sex",sex);
                ht.Add("question", question);
                ht.Add("answer",answer);
                ht.Add("email",email);
                DBHelper.execSql(sql, ht);
                Response.Redirect("Default.aspx");
            }
        }
```

程序说明:

在 Page_Load 事件中，以下语句:

```
        if(!Page.IsPostBack)
        {
            ShowUserInfo();
        }
```

表示如果是第一次运行该页面，则运行 ShowUserInfo( )把个人信息显示在窗体上，如果没有 if(!Page.IsPostBack)判断，改为如下:

ShowUserInfo();

运行结果会怎样呢？这样的话，尽管输入的信息正确，运行时也不会有错误提示，但修改结果不能存到数据库中。因为单击"提交"按钮时，系统先运行 Page_Load，然后再运行提交的代码 btnSubmit_Click，由于没有 if(!Page.IsPostBack)判断，在 Page_Load 事件中总是从数据库中取得用户信息，填充到各控件中，这样 btnSubmit_Click 得到的值总是数据库中原来的值，保存的值当然也就没有反映用户的改动。

if(!Page.IsPostBack)条件判断是非常重要的，一定要清楚什么代码一定要写在 if(!Page.IsPostBack) 条件判断里，什么代码不能放在 if(!Page.IsPostBack) 条件判断里，否则程序会产生一些莫名其妙的错误。

5.2.9　取回口令（1）页面

1. 模块设计

功能：取回口令。

输入：无。

输出：Session["Question"]、Session["Anwser"]、Session["Password"]。

页面设计：参考图 5-22。

主要逻辑：

单击"下一步"时，首先判断数据库中有无该用户，如果无，给出提示；如果有，则将该用户的密码问题、答案与密码取回并存到 Session 中，再转向 Step2.aspx 页面。

2. 实现步骤

1）向 Member 项目添加一个 Step1.aspx 页面，页面设计如图 5-33 所示。

图 5-33　Step1.aspx 页面的设计

各控件的设置见表 5-8。

表 5-8　Step1.aspx 页面各控件的设置

控 件 ID	控 件 类 型	属 性 名	属 性 值
Label1	Label	Text	请输入用户名：
TextBox1	TextBox		
lnkNext	LinkButton	Text	请输入用户名：

2）为事件编程，代码如下。

```
//单击下一步按钮
protected void lnkNext_Click(object sender, System.EventArgs e)
{
    string findName = TextBox1.Text.Trim();
    if (findName == "")
    {
        Response.Write("<script>alert(\"查找的用户名不能为空!\")</script>");
        return;
    }
    //在数据库中查找输入的用户

    string sql = "select Question,[Password],Answer from Users where UserName='" +
findName + "'";
    DataTable dt = DBHelper.GetTable(sql);
    if (dt.Rows.Count == 0)
    {
        //没有返回记录，说明用户不存在
        Response.Write("<script>alert(\"查找的用户名不存在!\")</script>");
        return;
    }
    else
    {
        //把信息保存在Session中供下一页面使用
        Session["Question"] = dt.Rows[0]["Question"].ToString();
        Session["Anwser"] = dt.Rows[0]["Answer"].ToString();
        Session["Password"] = dt.Rows[0]["Password"].ToString();
    }

    Response.Redirect("step2.aspx");

}
```

5.2.10 取回口令（2）页面

1. 模块设计

功能：取回口令。

输入：Session["Question"]、Session["Anwser"]、Session["Password"]。

输出：无。

页面设计：参考图 5-23。

主要逻辑：

- 在 Page_Load 中，判断是否从 Step1.aspx 中成功转来，如果不是，则将页面转向 Step2.aspx。
- 单击"提交"按钮，判断用户输入的答案与存在 Session 中的答案是否一致，如果错误，给出提示；如果正确，则显示保存在 Session 中的密码。

2. 实现步骤

1）向 Member 项目添加一个 Step2.aspx 页面，页面设计如图 5-34 所示。

图 5-34　Step2.aspx 页面的设计

各控件的设置见表 5-9。

表 5-9　Step2.aspx 页面各控件的设置

控 件 ID	控 件 类 型	属 性 名	属 性 值
Label2	Label		
lnkSubmit	LinkButton	Text	提交

2）为事件编程，代码如下。

```
protected void Page_Load(object sender, System.EventArgs e)
{
    // 在此处放置用户代码以初始化页面
    if (Session["Question"] != null && Session["Question"].ToString( ) != "")
    {
        Label2.Text = Session["Question"].ToString( );
    }
    else
    {
        Response.Redirect("step1.aspx");

    }

}

//单击提交按钮
protected void lnkSubmit_Click(object sender, System.EventArgs e)
{
```

```
        if (TextBox1.Text.Trim( ) == Session["Anwser"].ToString( ))
        {
                Response.Write("<script>alert(' 你的密码是:" + Session["Password"].ToString( )
                        + " ')</script>");

        }
        else
        {
                Response.Write("<script>alert(\"回答问题错误!\")</script>");
        }
    }
```

5.3 发布网站

前面设计的网站都是在 VS2013 的编程环境下运行的,下面我们来发布网站,使网站可以脱离 Visual Studio 开发环境进行访问。

1. 配置 ASP.NET 的运行环境

发布网站的计算机,必须具备运行 ASP.NET 网站的条件,运行 ASP.NET 网站的计算机一般需要满足两个条件:

1)安装了 Internet 信息服务(IIS)。

2)安装了.NET Framework。

IIS 有的计算机在安装操作系统时会自动安装完成,如本书采用的 Windows8 操作系统就自动安装了 IIS;如果没有安装,需要采用更新 Windows 组件方式或单独下载 IIS 安装。

ASP.NET 网站需要.NET Framework 支持,根据开发网站选择的.NET Framework 版本,要安装相应版本的.NET Framework;如果用.NET Framework4.5 版本开发的网站,就要安装.NET Framework4.5;当然如果计算机安装了 VS2013,则所需的.NET Framework 已经自动安装了。

2. 发布站点

1)在 VS2013 中打开站点 member。

2)单击"生成"→"发布网站"命令,弹出"发布网站"对话框,设置目标路径"C:\MyWeb",如图 5-35 所示。

3)单击"配置文件",弹出"新建配置文件"文本框,填写"配置文件名称"为 demo,单击"导入"按钮,弹出"发布 Web"对话框,设置如图 5-36 所示。

4)单击"下一步"按钮,选中"在发布期间预编译"复选框,如图 5-37 所示。

5)单击"配置",弹出"高级预编译设置"对话框,设置如图 5-38 所示。

6)单击"确定"按钮返回"发布 Web"对话框,单击"发布"按钮。"输出"显示发布状态,如图 5-39 所示。打开 e:/yy 文件夹,可以看到发布后的文件,其中看不到.cs 的代码文件,代码编译在 bin 文件夹的 mymember.dll 中。

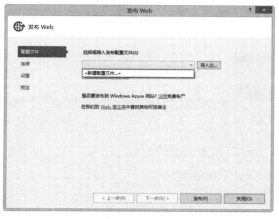

图 5-35 "发布网站"对话框

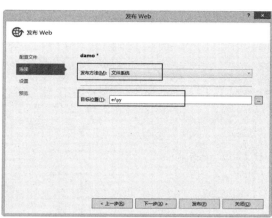

图 5-36 "发布 Web"对话框

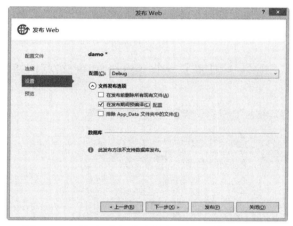

图 5-37 选中"在发布期间预编译"复选框

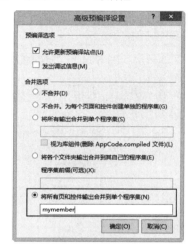

图 5-38 "高级预编译设置"对话框

图 5-39 显示发布状态

3. 新增一个站点

要显示浏览动态页面，需要把动态页面文件放在某个虚拟目录下。所谓虚拟目录，就是在 URL 地址中使用的目录名称，有时也称作 URL 映射。虚拟目录的名称可以与物理目录相同，也可以不相同。

下面对前面发布的 e:\yy 项目目录创建一个名为 mymember 虚拟目录。创建虚拟目录的步骤如下。

1）右击桌面右下角的"开始"图标，在弹出的菜单中单击"计算机管理"命令，打开"计算机管理"对话框，展开 IIS 管理器，如图 5-40 所示。

2）右击"Default Web Site"，单击弹出菜单中的"添加应用程序"命令，弹出"添加应用程序"对话框，设置如图 5-41 所示。

图 5-40 "计算机管理"对话框　　　　图 5-41 "添加应用程序"对话框

3）单击"确定"按钮。"Default Web Site"下增加了一个 mymember 站点，如图 5-42 所示。

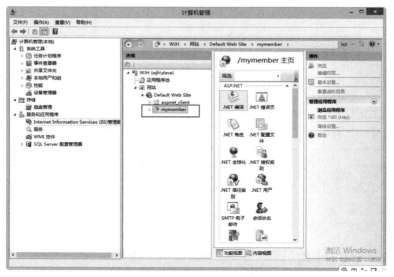

图 5-42 mymember 站点

4. 开启 ASP.NET 支持

1）右击桌面右下角的"开始"图标，在弹出菜单中单击"控制面板"命令，打开"控制面板"对话框，如图 5-43 所示。

2）单击"程序"，在出现的"程序"对话框中单击"启用或关闭 Windows 功能"，如图 5-44 所示。

3）在"Windows 功能"对话框中，勾选 ASP.NET3.5、ASP.NET4.5 复选框，如图 5-45 所示。

图 5-43 "控制面板"对话框

图 5-44 单击"启用或关闭 Windows 功能"

图 5-45 "Windows 功能"对话框

5. 访问网站

根据前面配置，在浏览器网址栏输入"http://localhost/mymember"，就可以出现如图 5-46 所示的登录页面。

图 5-46　登录页面

习　　题

1. 编程规范有何作用？变量命名要遵循哪些规范？
2. 上机调试会员管理系统的各个模块是什么？
3. 如何在 web.Config 中存放和读取数据库连接信息？
4. 什么是配置继承？
5. 怎样发布并配置会员管理系统网站？

第 6 章
数据窗体设计

Chapter 06

本章目标

- ➤ 数据绑定
- ➤ Repeater 控件
- ➤ DataList 控件
- ➤ GridView 控件

6.1 数据绑定简介

数据绑定是使页面上控件的属性与数据库中的数据产生对应关系，每当数据源中的数据发生变化且重新启动网页时，被绑定对象中的属性将随数据源而改变。ASP.NET 可以当作数据源的对象有很多，如 Array、ArrayList、Collection、DataSetView、DataView、DataSet、DataTable；对象的属性、表达式、方法的返回值等都可以当作数据源。

数据绑定语法使用<%#　%>，当调用控件或父控件的 DataBind 方法时，数据绑定表达式才会被计算并显示。

【例 6-1】通过绑定显示变量的值，运行结果如图 6-1 所示。（BindVar.aspx）

图 6-1　通过绑定显示变量的值

```
<Script Language="C#" Runat="Server">
public string msg = "篮球";
public void Page_Load(Object src, EventArgs e)
{
//使页面显示绑定的msg
```

```
Page.DataBind( );
}
</script>
<body>
我的爱好是：<b><%# msg %></b>
</body>
```

程序说明：

程序中，用<%# msg %>来绑定 msg，要使控件绑定显示数据源的数据，必须使用控件的 DataBind 方法来进行绑定。也可以调用 Page 对象的 DataBind 方法，在调用 Page 对象的 DataBind 方法时，Page 对象会自动调用所有控件的 DataBind 方法进行数据绑定的工作，而不需要逐一调用每个控件的 DataBind 方法。另外要特别注意，只能绑定到网页范围的变量，如这里的 msg 就是一个网页范围的变量。

【例 6-2】绑定显示方法的返回值，运行结果如图 6-2 所示。(BindMethod.aspx)

图 6-2　绑定显示方法的返回值

```
<Script Language="C#" Runat="Server">
public void Page_Load(Object src,EventArgs e)
{
 Page.DataBind( );
}
 //函数getSum返回参数a和b之和
public int getSum(int a,int b)
{
    return a+b;
}
</script>
<html>
<head>
<title></title>
</head>
<body>
10+20=<b><%#getSum(10,20) %></b>
</body>
</html>
```

6.2 Repeater 控件

Repeater 控件最主要的用途是可以将数据依照编程者所制定的格式逐一显示出来。只要将想要显示的格式先定义好,Repeater 控件就会依照编程者所定义的格式来显示;这个预先定义好的格式称为"模板"(Template)。使用模板可以让资料更容易、更美观的呈现给使用者。

通过页眉模板、奇数行数据模板、偶数行数据模板、分隔模板以及页脚模板,可以灵活控制记录的显示格式。Repeater 控件所支持的各种模板的意义如下。

- ItemTemplate:为数据源中的每一行都呈现一次的模板。
- AlternatingItemTemplate:与 ItemTemplate 元素类似,但在 Repeater 控件中隔行呈现一次。
- HeaderTemplate:一般用于设置标题或特殊格式标记(如<Table>标记)等。
- SeparatorTemplate:用于指定如何分隔记录行。
- FooterTemplate:用于指定在所显示记录的尾部,应显示什么信息。

当数据源有记录时,每取一条记录,Repeater 控件都按照 ItemTemplate 或 AlternatingItemTemplate 模板定义的格式进行显示;如果数据源中没有数据,则 Repeater 控件在界面上不会有任何显示。值得注意的是,ItemTemplate 模板是必须要定义的。

【例 6-3】使用 Repeater 控件的各种模板显示数据,运行结果如图 6-3 所示。(Repeater.aspx)

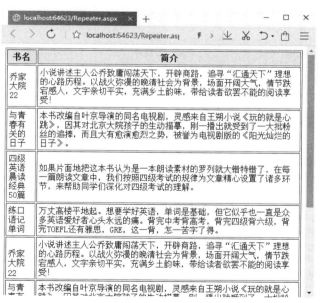

图 6-3 使用 Repeater 控件的各种模板显示数据

1)运行 Visual Studio2013,新建一个 ASP.NET 空网站。

2)添加一个页面,文件名为 Repeater.aspx。

3)从"工具箱"的"数据"选项卡中向 Repeater.aspx 拖入一个 Repeater 控件,切换到"源"视图，对 Repeater 控件作如下设置。

```
<asp:Repeater ID="Repeater1" runat="server">

    <HeaderTemplate>
    <table border="1" cellpadding="4">
      <tr bgcolor="#eeeeee">
        <th>书名</th>
        <th>简介</th>
      </tr>
    </HeaderTemplate>
  <ItemTemplate>
    <tr>
      <td>
        <%# Eval("bookname")   %></td>
      <td>
        <%# Eval("description") %>
      </td>
    </tr>
  </ItemTemplate>
  <AlternatingItemTemplate>
    <tr bgcolor="lightyellow">
      <td>
        <%# Eval("bookname")   %></td>
      <td>
        <%# Eval("description") %>
      </td>
    </tr>
  </AlternatingItemTemplate>
  <FooterTemplate>
    </table>
  </FooterTemplate>

  </asp:Repeater>
```

4）为 Page_Load 事件编写如下代码。

```
using System;
using System.Collections.Generic;
using System.Data;
using System.Data.SqlClient;
using System.Web;
using System.Web.UI;
using System.Web.UI.WebControls;
public partial class Repeater : System.Web.UI.Page
```

```
        {
            protected void Page_Load(object sender, EventArgs e)
            {
                SqlConnection Conn = new
        SqlConnection("server=(local);uid=sa;pwd=123;database=demo");
                SqlDataAdapter da = new SqlDataAdapter("select * from books", Conn);
                DataSet ds = new DataSet();
                da.Fill(ds);

                Repeater1.DataSource = ds;
                Repeater1.DataBind();

            }
        }
```

程序说明：

1）#Eval 功能是取得数据集内的指定内容，参数是字段名或属性名。例如：<%#
Eval("bookname") %>表示显示数据源 DataSet 中的 bookname 字段，对于 DataSet 中的
每一条记录，都会以模板规定的格式来显示；对于模板中未出现的字段，尽管 DataSet
中有相应的数据，也不会被显示。

2）本例中，使用 Table 来布局 Repeater 控件，整个 Repeater 控件就是一个 Table。
使用 Table 进行布局是一种常用的方法，要用 Table 布局，首先要了解 Table 的 HTML
标记。

　　<table></table>：表格

　　<tr></tr>：表格的一行

　　<th></th>：表格的标题单元格

　　<td></td>：表格的单元格

一般地，<HeaderTemplate></HeaderTemplate>之间放置表格开始标记<table>；
<FooterTemplate></FooterTemplate>之间放置表格结束标记</table>，不管数据源有
多少条记录，HeaderTemplate 与 FooterTemplate 都只会执行一次，因此在运行后，
Repeater 控件中只会有一个<table></table>标记。<tr></tr>标记应放置在
ItemTemplate 或 AlternatingItemTemplate 模板中，这样，数据源中每条记录都会产生
一个<tr></tr>，即单独显示在一行中；每个字段的内容应放在单元格中，如把 bookname
字段放在<td></td>之间：

　　<td> <%# Eval("bookname") %></td>

6.3 DataList 控件

就显示数据而言，DataList 控件与 Repeater 控件的功能相同。除了显示数据的功能
外，DataList 控件还提供数据更新和删除功能。

DataList 控件在一个重复列表中显示数据项，并且还可以支持选择和编辑项目。可使用模板对 DataList 中列表项的内容和布局进行定义。每个 DataList 必须定义一个 ItemTemplate；另外，还有几个可选模板用于定制列表的外观，这些模板的说明见表 6-1。

表 6-1　DataList 的模板

模 板 名 称	说　　明
ItemTemplate	项目的内容和布局，必选
AlternatingItemTemplate	替换项的内容和布局
SeparatorTemplate	在各个项目（以及替换项）之间的分隔符
SelectedItemTemplate	选中项目的内容和布局
EditItemTemplate	正在编辑项目的内容和布局
HeaderTemplate	标题的内容和布局
FooterTemplate	脚注的内容和布局

每个模板都有自己的样式属性。例如，EditItemTemplate 的样式可通过 EditItemStyle 属性设置。

默认情况下，DataList 项目在表内作为单个垂直列呈现。把 RepeatLayout 属性设置成 Flow 将从列表的呈现形式中移除 HTML 表结构。

DataList 通过 RepeatDirection 属性可以水平或者垂直地显示项目。DataList 允许开发人员控制显示的"列"数（RepeatColumns）。

如果 RepeatDirection 是 Horizontal 并且 RepeatColumns 是 5，那么项目包含 5 列，按水平方向顺序排列，见表 6-2。

表 6-2　RepeatDirection 为 Horizontal 的显示

1	2	3	4	5
6	7	8	9	10
11	12	13		

如果 RepeatDirection 是 Vertical 而 RepeatColumns 设置保持为 5，那么项目将分 5 列，按垂直方向顺序排列，见表 6-3。

表 6-3　RepeatDirection 为 Vertical 的显示

1	4	7	10	13
2	5	8	11	
3	6	9	12	

【例 6-4】DataList 的 RepeatDirection、RepeatColumns 属性的使用，运行结果如图 6-4 所示。（DataList.aspx）

1）运行 Visual Studio2013，新建一个 ASP.NET 空网站。

2）添加一个页面，文件名为 DataList.aspx。

3）添加 images 文件夹，把用到的图片放到 images 文件夹中。

图 6-4　DataList 的 RepeatDirection、RepeatColumns 属性的使用效果

4）从"工具箱"的"数据"选项卡中向 DataList.aspx 拖入 1 个 DataList 控件，切换到"源"视图，对 DataList 控件作如下设置。

```
<asp:DataList        ID="DataList1"        RepeatColumns="2"
RepeatDirection="Horizontal"
        GridLines="Both"        Runat="Server"    BorderWidth="2px">
    <ItemTemplate>
    <table>
    <tr><td>  <img src=images/<%# Eval("bookimage") %> /></td></tr>
        <tr><td>  <%# Eval("bookname") %> </td></tr>
    </table>
      </ItemTemplate>
      <ItemStyle VerticalAlign="Bottom" />
    </asp:DataList>
```

5）为 Page_Load 事件编写如下代码。

```
using System;
using System.Collections.Generic;
using System.Data;
using System.Data.SqlClient;
using System.Web;
using System.Web.UI;
using System.Web.UI.WebControls;

public partial class DataList : System.Web.UI.Page
{
```

第 6 章　数据窗体设计

Chapter 1
Chapter 2
Chapter 3
Chapter 4
Chapter 5
Chapter 6
Chapter 7
Chapter 8
Chapter 9
Chapter 10
Chapter 11

```csharp
protected void Page_Load(object sender, EventArgs e)
{
    SqlConnection Conn = new
SqlConnection("server=(local);uid=sa;pwd=123;database=demo");
    SqlDataAdapter da = new SqlDataAdapter("select * from books", Conn);
    DataSet ds = new DataSet();
    da.Fill(ds);

    DataList1.DataSource = ds;
    DataList1.DataBind();

}
}
```

程序说明：

1）在 ItemTemplate 中，<img>是 HTML 中的图片标记，其 src 属性是图片的文件名，图书封面图片存放在 images 目录下，而 bookimage 字段中存放着图片的文件名，因此把 bookimage 绑定到 Img 的 src 属性上就可以显示图片。

2）由于设定 DataList 的 RepeatColumns 为 2，因此一行中显示 2 条记录。

 提示

VS.NET 中 DataList 的模板编辑

VS.NET 提供了对 DataList 模板编辑的支持，在 Web 窗体中的 DataList 上单击鼠标右键，在弹出的菜单中选择"编辑模板"—"项模板"，就可以出现模板编辑界面，此界面中可以编辑 ItemTemplate、AlternatingItemTemplate、SelectedItemTemplate、EditItemTemplate 几个模板；可以直接拖放控件到模板中并设置控件的属性，如图 6-5 所示。编辑完毕，右击鼠标，在弹出菜单中选择"结束模板编辑"关闭模板编辑界面。

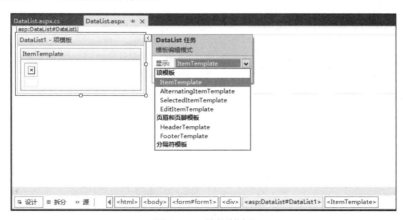

图 6-5　编辑模板

在 DataList 的弹出菜单中选择"编辑模板"—"页眉页脚模板"或"编辑模板"—

"分隔符模板"可以实现对 HeaderTemplate、FooterTemplate、SeparatorTemplate
模板的编辑。

需要注意的是，虽然 VS.NET 提供了方便的模板编辑功能，但在许多情况下，还是有
必要在网页的 HTML 源代码中进行编辑。

6.4 GridView 控件

6.4.1 GridView 控件简介

GridView 控件是一个功能非常强大的控件，可以实现数据的列表显示、分页、排序、
编辑或删除。

GridView 控件可以显示、编辑和删除多种不同的数据源（如数据库、XML 文件和公
开数据的业务对象）中的数据。

GridView 控件可以采用两种方法绑定数据选项：一种方法是使用 DataSourceID 属性
进行数据绑定，另一种方法是使用 DataSource 属性进行数据绑定。第一种方法可以直接
将 GridView 控件绑定到数据源控件，这样可以利用数据源控件的功能自动实现排序、分
页和更新功能。第二种方法能够绑定到包括 ADO.NET 数据集和数据读取器在内的各种对
象，但是需要为所有附加功能（如排序、分页和更新）编写后台代码。

6.4.2 GridView 控件常用属性

GridView 控件常用属性见表 6-4。

表 6-4　GridView 控件常用属性

属　　性	说　　明
AccessKey	快速导航到 Web 服务器控件的访问键
AllowPaging	指示是否启用分页功能
AllowSorting	是否启用排序功能
AlternatingRowStyle	设置 GridView 控件中的交替数据行的外观
Attributes	与控件的属性不对应的任意特性（只用于呈现）的集合
AutoGenerateDeleteButton	指示每个数据行都带有"删除"按钮的 CommandField 字段列是否自动添加到 GridView 控件
AutoGenerateEditButton	指示每个数据行都带有"编辑"按钮的 CommandField 字段列是否自动添加到 GridView 控件
AutoGenerateSelectButton	指示每个数据行都带有"选择"按钮的 CommandField 字段列是否自动添加到 GridView 控件
BackColor	Web 服务器控件的背景色
BackImageUrl	GridView 控件的背景中显示的图像的 URL
BindingContainer	获取包含该控件的数据绑定的控件
BorderColor	边框颜色
BorderStyle	边框样式

Chapter
1
Chapter
2
Chapter
3
Chapter
4
Chapter
5
Chapter
6
Chapter
7
Chapter
8
Chapter
9
Chapter
10
Chapter
11

（续）

属　　性	说　　明
BorderWidth	边框宽度
BottomPagerRow	获取一个 GridViewRow 对象，该对象表示 GridView 控件中的底部页导航行
Caption	获取或设置要在 GridView 控件的 HTML 标题元素中呈现的文本
CaptionAlign	GridView 控件中的 HTML 标题元素的水平或垂直位置
CellPadding	单元格的内容和单元格的边框之间的间距
CellSpacing	单元格间的间距
ClientID	由 ASP.NET 生成的服务器控件标识符
Columns	GridView 控件中列字段的 DataControlField 对象的集合
Controls	复合数据绑定控件内的子控件的集合
ControlStyle	Web 服务器控件的样式
ControlStyleCreated	获取一个值，该值指示是否已为 ControlStyle 属性创建了 Style 对象。此属性主要由控件开发人员使用
CssClass	由 Web 服务器控件在客户端呈现的级联样式表（CSS）类
DataKeyNames	GridView 控件中项的主键字段名数组
DataKeys	DataKey 对象集合，这些对象表示 GridView 控件中的每一行的数据键值
DataMember	当数据源包含多个不同的数据项列表时，获取或设置数据绑定控件绑定到的数据列表的名称
DataSource	数据源对象，数据绑定控件从该对象中检索其数据项列表
DataSourceID	获取或设置控件数据源的 ID，数据绑定控件从该控件中检索其数据项列表
EditIndex	当前编辑的行的索引
EditRowStyle	获取对 TableItemStyle 对象的引用，使用该对象可以设置 GridView 控件中为进行编辑而选中的行的外观
EmptyDataRowStyle	获取对 TableItemStyle 对象的引用，使用该对象可以设置当 GridView 控件绑定到不包含任何记录的数据源时会呈现的空数据行的外观
EmptyDataTemplate	获取或设置在 GridView 控件绑定到不包含任何记录的数据源时所呈现的空数据行的用户定义内容
EmptyDataText	GridView 控件绑定到不包含任何记录的数据源时所呈现的空数据行中显示的文本
Enabled	指示是否启用 Web 服务器控件
EnableSortingAndPagingCallbacks	获取或设置一个值，该值指示客户端回调是否用于排序和分页操作
EnableTheming	指示是否对此控件应用主题
EnableViewState	指示服务器控件是否向发出请求的客户端保持自己的视图状态以及它所包含的任何子控件的视图状态
Font	Web 服务器控件关联的字体属性
FooterRow	GridView 控件中的脚注行的 GridViewRow 对象
FooterStyle	获取对 TableItemStyle 对象的引用，使用该对象可以设置 GridView 控件中的脚注行的外观
ForeColor	Web 服务器控件的前景色（通常是文本颜色）
GridLines	GridView 控件的网格线样式
HeaderRow	获取 GridView 控件标题行的 GridViewRow 对象
HeaderStyle	获取对 TableItemStyle 对象的引用，使用该对象可以设置 GridView 控件中的标题行的外观
Height	Web 服务器控件的高度

（续）

属　　性	说　　明
HorizontalAlign	GridView 控件在页面上的水平对齐方式
ID	分配给服务器控件的编程标识符
PageCount	GridView 控件中显示数据源记录所需的页数
PageIndex	当前显示页的索引
PagerSettings	获取对 PagerSettings 对象的引用，使用该对象可以设置 GridView 控件中的页导航按钮的属性
PagerStyle	获取对 TableItemStyle 对象的引用，使用该对象可以设置 GridView 控件中的页导航行的外观
PagerTemplate	页导航行的自定义内容
PageSize	每页上所显示的记录的数目
RowHeaderColumn	列标题的列的名称
Rows	GridView 控件中数据行的 GridViewRow 对象的集合
RowStyle	获取对 TableItemStyle 对象的引用，使用该对象可以设置 GridView 控件中的数据行的外观
SelectedDataKey	获取 DataKey 对象，该对象包含 GridView 控件中选中行的数据键值
SelectedIndex	GridView 控件中的选中行的索引
SelectedRow	获取对 GridViewRow 对象的引用，该对象表示控件中的选中行
SelectedRowStyle	获取对 TableItemStyle 对象的引用，使用该对象可以设置 GridView 控件中的选中行的外观
SelectedValue	获取 GridView 控件中选中行的数据键值
ShowFooter	指示是否在 GridView 控件中显示脚注行
ShowHeader	指示是否在 GridView 控件中显示标题行
SkinID	应用于控件的外观
SortDirection	排序方向
SortExpression	排序的列关联的排序表达式
Style	服务器控件的样式
TabIndex	Web 服务器控件的选项卡索引
ToolTip	当鼠标指针悬停在 Web 服务器控件上时显示的文本
TopPagerRow	获取一个 GridViewRow 对象，该对象表示 GridView 控件中的顶部页导航行
Visible	指示服务器控件是否作为 UI 呈现在页上
Width	Web 服务器控件的宽度

6.4.3　GridView 控件数据绑定列

GridView 控件包括多种数据绑定列，数据绑定列可以绑定显示数据源表中的字段数据。GridView 控件的数据绑定列见表 6-5。

表 6-5　GridView 控件的数据绑定列

绑　定　列	说　　明
BoundField	默认的数据绑定列类型，显示数据库中取出的文本
TemplateField	类似于 DataList 中的 ItemTemplate 模板列
CheckBoxField	使用复选框控件显示布尔类型数据，该数据绑定列所绑定的数据通常为布尔类型（或数据库中的 bit 类型），当绑定为 true（或 1）时选中，否则不选中

117

（续）

绑 定 列	说 明
CommandField	为 GridView 控件提供创建命令按钮列的功能，这些命令按钮可以呈现为普通按钮、超链接按钮或图片外观。这些命令按钮能够实现数据选择、编辑、删除和取消等操作
ButtonField	它与 CommandField 类似，二者都可以为 GridView 控件创建命令按钮列。CommandField 定义的按钮列主要用于选择、添加、删除等操作，并且这些命令在一定程度上与数据源控件中的数据操作设置有着密切联系。ButtonField 所定义的命令按钮，具有很大的灵活性，其与数据源控件无直接联系，通常可以自定义实现单击这些命令按钮之后发生的操作，可与 RowCommand 事件搭配使用
ImageField	可以在 GridView 控件所呈现的表格中显示图片列。一般来说，绑定的是图片的路径 DataImageUrlField 用于设置绑定的数据列名称 DataImageUrlFormatString 用于设置数据列的格式化字符串 HeaderText 用于设置显示在表头位置的列名称 ItemStyle 中的 CssClass 用于设置数据项显示的属性
HyperLinkField	将所绑定的数据以超链接形式显示出来 ● DataNavigateUrlFields 用于设置绑定的数据列名称，其数据作为超链接的 URL 地址 ● DataNavigateUrlFormatString 对 URL 地址数据进行统一格式化

6.4.4　GridView 的数据显示

【例 6-5】使用 GridView 数据显示。

1）运行 VS2013。

2）创建一个 ASP.NET 空网站 GridViewl。

3）添加一个 Web 页 Default.aspx。

4）从"工具箱"的"数据"标签页向 Default.aspx 拖入一个 GridView 控件。

5）添加 App_Code 文件夹，并且加入 DBHelper 类；在 web.config 中配置数据库连接串。

```
<appSettings>
    <add key="Db"
            value="server=(local);uid=sa;pwd=123;database=demo"/>
</appSettings>
```

6）编写代码。

```
using System;
using System.Collections.Generic;
using System.Data;
using System.Web;
using System.Web.UI;
using System.Web.UI.WebControls;

public partial class _Default : System.Web.UI.Page
{
    protected void Page_Load(object sender, EventArgs e)
    {
        if (!IsPostBack)
```

```
        bind( );

    }


    //绑定数据
    void bind( )
    {
        string sql = "SELECT books.*,category.categoryName    FROM books,category
where books.categoryID=category.categoryID   ";
        GridView1.DataSource = DBHelper.GetTable(sql);
        GridView1.DataBind( );
    }

}
```

在此，可以运行看看效果，运行效果如图 6-6 所示。

图 6-6　GridView 初步显示数据

7）设置列。GridView 自动显示了数据源的所有列，只要显示其中的部分列，并且设置标题，有必要时还要对某个列做具体的设置。

打开 Default.aspx，切换到 "源" 标签页，修改 GridView1 控件的设置。

```
<asp:GridView ID="GridView1"  AutoGenerateColumns="false"  runat="server"
CellPadding="4" EnableModelValidation="True" ForeColor="#333333" GridLines="None">

<Columns>
    <asp:BoundField DataField="bookName" HeaderText="书名" />
        <asp:BoundField DataField="categoryID" HeaderText="类别编号" />
        <asp:BoundField DataField="author" HeaderText="作者" />
        <asp:BoundField DataField="price" HeaderText="价格"
```

```
                    DataFormatString="{0:F2}" HtmlEncode="False" />
            <asp:HyperLinkField DataNavigateUrlFields="bookID"
        DataNavigateUrlFormatString="showInfo.aspx?bookid={0}"
                    HeaderText="详情" DataTextField="price"
DataTextFormatString="详情" />
            </Columns>


            <AlternatingRowStyle BackColor="White" />
            <EditRowStyle BackColor="#2461BF" />
            <FooterStyle BackColor="#507CD1" Font-Bold="True" ForeColor="White"
/>

            <HeaderStyle BackColor="#507CD1" Font-Bold="True" ForeColor="White"
/>

            <PagerStyle BackColor="#2461BF" ForeColor="White"
HorizontalAlign="Center" />
            <RowStyle BackColor="#EFF3FB" />
            <SelectedRowStyle BackColor="#D1DDF1" Font-Bold="True"
ForeColor="#333333" />
        </asp:GridView>
```

其中设置 GridView1 控件的 AutoGenerateColumns 属性为 false，即不自动生成列；增加了 Columns 节，列出了要显示的列。

设置价格 price 字段 "DataFormatString" 属性为格式字符串 "{0:F2}"。ASP.NET2.0 出于安全性的考虑，还要同时设置 HtmlEncode:False，才能够使 DataFormatString 生效。

8）修改外观：单击 GridViewl 控件右上角的小三角符号，再单击 "自动套用格式" 链接，将弹出如图 6-7 所示的对话框。

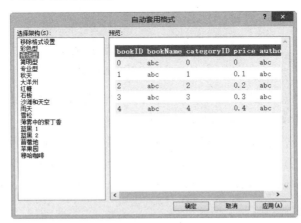

图 6-7 "自动套用格式" 对话框

用鼠标单击左边 "选择架构" 中的各项，右边的 "预览" 窗口中将显示出该架构所对应的显示界面。逐个单击左边的架构，直到选择一个合适的架构为止。最后单击 "确定"

按钮，即完成了模板的设置工作。

运行网站，效果如图 6-8 所示。

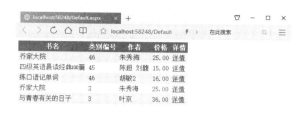

图 6-8 用 GridView 显示数据

6.4.5 GridView 分页

【例 6-6】GridView 分页。

1）复制 GridView1 项目，该项目文件夹名称为 GridView2。然后在 VS2013 中打开 GridView2 网站项目。

2）在 GridView1 控件"属性"窗口设 AllowPaging 为 true；PageSiz 为 3。

3）在 GridView1 控件"属性"窗口的事件页中双击 PageIndexChanging，切换到 Default.aspx.cs 代码编辑窗口，添加如下代码实现分页。

```
//分页链接按钮单击事件
protected void GridView1_PageIndexChanging(object sender, GridViewPageEventArgs e)
{
    GridView1.PageIndex = e.NewPageIndex;
    bind();
}
```

 提示

GridView 控件提供了 PagerStyle 和 PagerSettings 属性，用于设置分页导航链接，如链接的文字和模式等。

4）按<F5>键调试运行，效果如图 6-9 所示，单击列标题可以排序；单击分页导航中的数字可以转到相应的页面。

图 6-9 运行效果

121

6.4.6　GridView 的数据编辑

在删除、修改、排序、分页的按钮或链接被单击时，会触发相应的事件。GridView
控件常用的事件见表 6-6，在相应的事件里编写自己的代码就可以了。

表 6-6　GridView 控件常用事件

事　　件	说　　明
PageIndexChanged	该事件发生在单击分页导航按钮，而 GridView 控件处理完分页操作之后
PageIndexChanging	该事件发生在单击分页导航按钮，而 GridView 控件处理分页操作之前
RowCancelingEdit	该事件发生在取消按钮被单击，而 GridView 控件脱离编辑状态之前
RowCommand	该事件当 GridView 控件中的一个按钮被单击时发生
RowCreated	该事件当创建一个新的数据行时发生
RowDataBound	该事件当一个数据行绑定数据时发生
RowDeleted	该事件发生在单击删除按钮，而 GridView 控件从数据源中删除数据之后
RowDeleting	该事件发生在单击删除按钮，而 GridView 控件从数据源中删除数据之前
RowEditing	该事件发生在单击编辑按钮，而 GridView 控件进入编辑模式之前
RowUpdated	该事件发生在单击更新按钮，而 GridView 控件从数据源中更新数据之后
RowUpdating	该事件发生在单击更新按钮，而 GridView 控件从数据源中更新数据之前
SelectedIndexChanged	该事件发生在单击选择按钮，而 GridView 控件从数据源中选择数据之后
SelectedIndexChanging	该事件发生在单击选择按钮，而 GridView 控件从数据源中选择数据之前
Sorted	该事件发生在单击一个超链接形式的排序按钮，而 GridView 控件处理排序操作之后
Sorting	该事件发生在单击一个超链接形式的排序按钮，而 GridView 控件处理排序操作之前

前面的项目都只是显示数据，下面使用 GridView 来编辑数据。

【例 6-7】使用 GridView 编辑数据，运行效果和编辑状态如图 6-10、图 6-11 所示。

1）复制 GridView2 项目，项目文件夹名称为 GridView3。然后在 VS2013 中打开
GridView3 网站项目。

2）设置主键。在 GridView1 的"属性"窗口，设置 DataKeyNames 为 bookID。

3）在 GridView1 控件的 Columns 节添加一个编辑列：

```
<asp:CommandField ShowDeleteButton="True" ShowEditButton="True" />
```

4）在 GridView1 控件"属性"窗口的事件页中分别双击 RowUpdating、RowEditing、
RowDeleting、RowCancelingEdit，切换到 Default.aspx.cs 代码编辑窗口，为 GridView1
控件添加事件处理程序。

```
//删除按钮单击事件
    protected void GridView1_RowDeleting(object sender, GridViewDeleteEventArgs e)
    {

        string sqlstr = "delete from books where bookid='" +
GridView1.DataKeys[e.RowIndex].Value.ToString() + "'";
        DBHelper.execSql(sqlstr);
```

```
        GridView1.EditIndex = -1;
        bind();

    }

    //编辑按钮单击事件
    protected void GridView1_RowEditing(object sender, GridViewEditEventArgs e)
    {
        GridView1.EditIndex = e.NewEditIndex;

        bind();
    }

    //更新按钮单击事件
    protected void GridView1_RowUpdating(object sender, GridViewUpdateEventArgs e)
    {
        string sql = "UPDATE   books SET
bookName='{0}',categoryID={1},author='{2}',price={3}   where bookID={4} ";

        string bookName =
((TextBox)(GridView1.Rows[e.RowIndex].Cells[1].Controls[0])).Text;

        //取出下拉列表中的类别信息
        //string categoryID =
((DropDownList)(GridView1.Rows[e.RowIndex].Cells[2].FindControl("DropDownList1"))).Text;
        string categoryID =
((TextBox)(GridView1.Rows[e.RowIndex].Cells[2].Controls[0])).Text;
        string author = ((TextBox)(GridView1.Rows[e.RowIndex].Cells[3].Controls[0])).Text;

        string price = ((TextBox)(GridView1.Rows[e.RowIndex].Cells[4].Controls[0])).Text;
        string id = GridView1.DataKeys[e.RowIndex].Value.ToString();
        sql = string.Format(sql, bookName, categoryID, author, price, id);
        DBHelper.execSql(sql);
        GridView1.EditIndex = -1;
        bind();
    }

    //取消按钮单击事件
    protected void GridView1_RowCancelingEdit(object sender,
GridViewCancelEditEventArgs e)
    {
        GridView1.EditIndex = -1;
```

```
            bind();
        }
```

5）按<F5>键调试运行，运行效果如图 6-10 所示。

单击"编辑"按钮后，该行的两个链接按钮就变成了"更新"和"取消"，如图 6-11 所示。如果用户单击"删除"按钮，当前记录就会从数据库中删除。

图 6-10　运行效果　　　　　　　　　图 6-11　编辑状态

6.4.7　GridView 控件中使用下拉列表

上面例子中，编辑类别编号并直接修改编号数字，不方便记忆与操作，如果改成选择图书类别名称，就会更直观，GridView 控件中可以实现这种功能。

【例 6-8】GridView 控件中使用下拉列表，效果如图 6-12 所示。

图 6-12　GridView 控件中使用下拉列表

1）复制 GridView3 项目，并命名复制的项目文件夹名称为 GridView4。然后在 VS2013 中打开 GridView4 项目。

2）把类别编号列改为模板列。

原来类别编号列为：

```
<asp:BoundField DataField="categoryID" HeaderText="类别编号" />
```

改为：

```
<asp:TemplateField HeaderText="类别编号" SortExpression="categoryID">
        <EditItemTemplate>
            <asp:DropDownList ID="DropDownList1" runat="server"
DataSource='<%# ddlbind()%>'
            <DataTextField="categoryName" DataValueField="categoryID"
SelectedValue='<%# Bind("categoryID") %>'>
```

```
                    </asp:DropDownList>

                </EditItemTemplate>
                <ItemTemplate>
                    <asp:Label ID="Label2" runat="server" Text='<%#
Bind("categoryName") %>'></asp:Label>

                </ItemTemplate>
        </asp:TemplateField>
```

3）添加代码。

```
//类别下拉列表的数据源
public DataTable ddlbind( )
{
    string sql = "SELECT [categoryID], [categoryName] FROM [category]";

    return DBHelper.GetTable(sql);
}
```

4）修改 GridView1_RowUpdating，改变 categoryID 列值的读取方法。

```
//更新按钮单击事件
protected void GridView1_RowUpdating(object sender, GridViewUpdateEventArgs e)
{
    string sql = "UPDATE   books SET
bookName='{0}',categoryID={1},author='{2}',price={3}   where bookID={4} ";

    string bookName =
((TextBox)(GridView1.Rows[e.RowIndex].Cells[1].Controls[0])).Text;

    //取出下拉列表中的类别信息
    string categoryID =
((DropDownList)(GridView1.Rows[e.RowIndex].Cells[2].FindControl("DropDownList1"))).Text;
    // string categoryID =
((TextBox)(GridView1.Rows[e.RowIndex].Cells[2].Controls[0])).Text;
    string author = ((TextBox)(GridView1.Rows[e.RowIndex].Cells[3].Controls[0])).Text;

    string price = ((TextBox)(GridView1.Rows[e.RowIndex].Cells[4].Controls[0])).Text;
    string id = GridView1.DataKeys[e.RowIndex].Value.ToString( );
    sql = string.Format(sql, bookName, categoryID, author, price, id);
    DBHelper.execSql(sql);
    GridView1.EditIndex = -1;
    bind( );
}
```

 习　题

1. GridView 控件提供了哪些事件，分别响应什么事件？
2. GridView 控件有哪些列类型，它们各自的功能是什么？
3. 分别用 Reapter 与 DataList 控件实现 Demo 数据库中 news 表数据的显示。
4. 编写程序，用 GridView 控件对 Demo 数据库中 users 表进行编辑与删除。
5. 什么是数据源控件，ASP.NET 共包含哪几种数据源控件？
6. GridView 控件中的 DataKeyNames 属性有什么作用，是否必须设置该属性？
7. 上机调试书中例题。

第 7 章
内置对象

Chapter

07

本章目标

➢ Application 对象

➢ Request 对象

➢ Response 对象

➢ Server 对象

➢ Cookie 对象

ASP.NET 定义了多个内置对象，内置对象可以直接使用，这些对象包括 Response、Request、Application、Session 及 Server 等。

7.1 Application 对象

网站中所有的 ASP.NET 程序构成了一个 Web 应用系统，Web 站点是一个多用户的应用程序，可供所有在线用户共享的信息应放在 Application 对象中。

7.1.1 Application 的生命周期

如同变量有自己的生命周期一样，Application 对象也有生命周期，它起始于当应用程序的第一个页面被请求时，终止于站点停止运行时。当 IIS 停止运行或者服务器被关掉之后，存放在 Application 中的数据也随之消失，如果希望在 IIS 停止运行或者关机之后数据依然能够保存，就必须把文件存到文件夹或数据库里。Application 对象的类别名称是 HttpApplication。

7.1.2 Application 的读写

Application 对象利用"键—值"对的字典方法来定义，其中"键"为字符串，代表状态的"名"，"值"可以是任何类型的数据。

Application 对象的写入：

 Application["变量名"]=值；

或

 Application.Add("变量名",值)；

Application 对象的读取：

string s；

 s= Application["变量名"].ToString( )；

7.1.3 Application 的锁定

由于 Application 对象是所有用户共享的，为了避免修改时出现争用、死锁或访问冲突，在对 Application 对象进行修改时，必须先将其锁定，修改完之后进行解锁。

HttpApplication 类提供了锁定 Lock 和解锁 Unlock 两种方法，可以用如下方式实现对 Application 对象的创建或修改。

```
Application.Lock( );                //锁定 Application
Application["变量名"]=值；            //修改 Application
Application.UnLock( );              //解锁 Application
```

7.1.4 Application 应用举例

【例 7-1】下面是一个使用 Application 对象实现计数的例子，运行结果如图 7-1 所示。

（applicationCount.aspx）

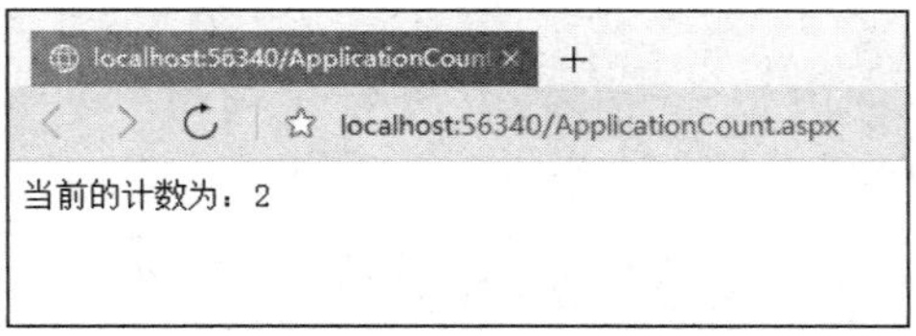

protected void Page_Load(object sender, EventArgs e)

图 7-1 使用 Application 对象实现计数

```
protected void Page_Load(object sender,
EventArgs e)
    {
        if (Application["User_Count"] == null)
        {
            Application["User_Count"] = 1;
        }
        else
        {
            Application.Lock( );
            Application["User_Count"] = (Int32)Application["User_Count"] + 1;
            Application.UnLock( );
        }
        Response.Write("当前的计数为：" + Application["User_Count"].ToString( ));
    }
```

128

浏览该网页时，关闭再重新浏览该网页，当前的计数会不断增加，因为 Application 变量值并不因网页的关闭而消失。

Session 对象和 Application 对象都可用来储存跨网页程序的变量或是对象，但 Session 对象变量只针对单一网页使用者，也就是说各在线的用户 A 不能访问同时在线的用户 B 的 Seesion 对象。Session 对象和 Application 对象的区别如图 7-2 所示。

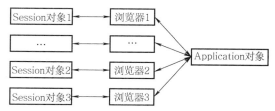

图 7-2　Session 对象和 Application 对象的区别

7.2　Request 对象

当客户端向服务器端发出 HTTP 请求时，可以通过 HTTP 请求获得客户端信息。Request 对象是 HttpRequest 类的实例，用来表示特定 HTTP 请求的值和属性，其中包括所有 URL 参数和客户端所发送的信息。

7.2.1　Request 对象常用属性和方法

Request 对象的常用属性见表 7-1。

表 7-1　Request 对象的常用属性

属　　性	说　　明
ApplicationPath	服务器上 ASP.NET 应用程序的虚拟应用程序根路径
Browser	正在请求的客户端的浏览器功能的信息
ContentType	传入请求的 MIME 内容类型
Cookies	客户端发送的 cookie 的集合
Files	客户端上传的文件
Form	窗体变量集合
Headers	HTTP 头集合
InputStream	传入的 HTTP 实体主体的内容
Path	当前请求的虚拟路径
PhysicalApplicationPath	当前正在执行的服务器应用程序的根目录的物理文件系统路径
PhysicalPath	请求的 URL 相对应的物理文件系统路径
QueryString	HTTP 查询字符串变量集合
RawUrl	当前请求的原始 URL
ServerVariables	Web 服务器变量的集合
Url	当前请求的 URL 的信息
UrlReferrer	客户端上次请求的 URL 的信息，该请求链接到当前的 URL
UserHostAddress	客户端的 IP 主机地址
UserHostName	客户端的 DNS 名称

Request 对象的常用方法如下：

- MapPath 将请求的 URL 中的虚拟路径映射到服务器上的物理路径。
- SaveAs 将 HTTP 请求的信息储存到磁盘中。

7.2.2 Request 应用举例

【例 7-2】通过 Request 对象获取网页的相关信息，运行结果如图 7-3 所示。（Request.aspx）

图 7-3　通过 Request 对象输出网页的相关信息

```
protected void Page_Load(object sender, EventArgs e)
{
        Response.Write("当前应用程序根目录的实际路径：");
        Response.Write(Request.PhysicalApplicationPath);
        Response.Write("<Br>");
        Response.Write("当前页面所在的虚拟目录及文件名称：");
        Response.Write(Request.CurrentExecutionFilePath);
        Response.Write("<Br>");
        Response.Write("当前页面所在的实际目录及文件名称：");
        Response.Write(Request.PhysicalPath);
        Response.Write("<Br>");
        Response.Write("当前页面的Url：");
        Response.Write(Request.Url);
        Response.Write("<Br>");
        Response.Write("客户端IP地址：");
        Response.Write(Request.UserHostAddress);
}
```

7.3　Response 对象

Response 对象主要是输出数据到客户端，Response 对象的类别名称是 HttpResponse，和 Request 对象一样是属于 Page 对象的成员，所以也是不用声明就可以直接使用。

7.3.1 Response 常用属性和方法

Response 对象的常用属性见表 7-2。

表 7-2 Response 对象的常用属性

属　　性	说　　明
BufferOutput	设置 HTTP 输出是否要做缓冲处理，预设为 True
Cache	返回目前网页缓存的设置
Charset	设置或取得 HTTP 的输出字符编码
Cookies	返回目前请求的 HttpCookieCollection 对象集合
IsClientConnected	返回客户端是否仍然和 Server 连接

Response 对象的常用方法见表 7-3。

表 7-3 Response 对象的常用方法

方　　法	描　　述
BinaryWrite	将一个二进制字符串写入 HTTP 输出流
Clear	清除缓冲区流中的所有内容输出
End	将当前所有缓冲的输出发送到客户端，停止该页的执行，并引发 Application_EndRequest 事件
Flush	向客户端发送当前所有缓冲的输出
Redirect	将客户端重定向到新的 URL 页面
Write	将信息写入 HTTP 输出内容流
WriteFile	将指定的文件直接写入 HTTP 内容输出流

7.3.2　Response 应用举例

【例 7-3】下面程序实现限时申报多媒体教室。运行时如果是星期一，则结果如图 7-4 所示，不允许申报，否则显示欢迎申报，如图 7-5 所示。(Response_End.aspx)

图 7-4　限制申报

图 7-5　允许申报

```
protected void Page_Load(object sender, EventArgs e)
{
    if (DateTime.Now.DayOfWeek == DayOfWeek.Monday)
    {
        Response.Write("星期一是管理员审批时间，不能申报多媒体教室！");
        Response.End( );
    }
    Response.Write( "欢迎申报多媒体教室！");
}
```

7.4　Server 对象

Server 对象也是 Page 对象的成员之一，主要提供一些处理网页请求时所需的功能。Server 对象的对象类别名称是 HttpServerUtility。

7.4.1 Server 常用属性和方法

Server 对象的常用属性和方法见表 7-4。

表 7-4 Server 对象的常用属性和方法

属性和方法	说　明
MachineName	服务器的计算机名称
ScriptTimeout	请求超时（以秒计）
CreateObject	创建 COM 对象的一个服务器实例
CreateObjectFromClsid	创建 COM 对象的服务器实例，该对象由对象的类标识符（CLSID）标识
Execute	使用另一页执行当前请求
HtmlDecode	对已被编码以消除无效 HTML 字符的字符串进行解码
HtmlEncode	对要在浏览器中显示的字符串进行编码
MapPath	返回与 Web 服务器上的指定虚拟路径相对应的物理文件路径
Transfer	终止当前页的执行，并为当前请求开始执行新页
UrlDecode	对字符串进行解码，该字符串为了进行 HTTP 传输而进行编码并在 URL 中发送到服务器
UrlEncode	编码字符串，以便通过 URL 从 Web 服务器到客户端进行可靠的 HTTP 传输

7.4.2 Server 应用举例

1. HtmlEncode 以及 HtmlDecode 方法

如果想在网页上显示 HTML 标注时，若在网页中直接输出则会被浏览器解释为 HTML 的内容，所以要通过 Server 对象的 HtmlEncode 方法将它编码再输出；而若要将编码后的结果译码还原回原来的内容，则使用 HtmlDecode 方法。

【例 7-4】下面例子用 HtmlEncode 方法将"<B>HTML 内容</B>"编码后输出至浏览器，再利用 HtmlDecode 方法将把编码后的结果译码还原，运行结果如图 7-6、图 7-7 所示。（HtmlEncode.aspx）

```
protected void Page_Load(object sender, EventArgs e)
{
    String str = "<B>床前明月光</B>";
    Response.Write("初始输出：" + str);
    Response.Write("<BR>");
    str = Server.HtmlEncode(str);
    Response.Write("HtmlEncode后输出：" + str);
    Response.Write("<BR>");
    str = Server.HtmlDecode(str);
    Response.Write("HtmlDecode后输出：" + str);
    Response.Write("<BR>");
}
```

图 7-6 HtmlEncode、HtmlDecode 后的输出

初始输出：<B>床前明月光</B>
HtmlEncode后输出：<lt;B>床前明月光<lt;/B>

HtmlDecode后输出：<B>床前明月光</B>

图 7-7 生成的网页源码

查看网页的源代码，可以发现，编码后的 HTML 标注变成了<B>HTML 内容
</B>，这是因为<B>变成了<B>，</B>变成了</B>，所以能在页面中
显示 HTML 标注。

2. UrlEncode 以及 UrlDecode 方法

在传递网页参数时是将数据附在网址后面传递，但是遇到一些如#、&的特殊字符会
读不到这些字符之后的参数。所以在需要传递特殊字符的场合，先将欲传递的内容以
UrlEncode 加以编码，以保证所传递过去的值可以顺利被读到，而 UrlDecode 方法则是
将编码过的内容译码还原。

【例 7-5】下面例子使用两个链接来传递未编码和编码的参数，传递的参数内容是"a#
@ #b"，运行结果如图 7-8、图 7-9 所示。

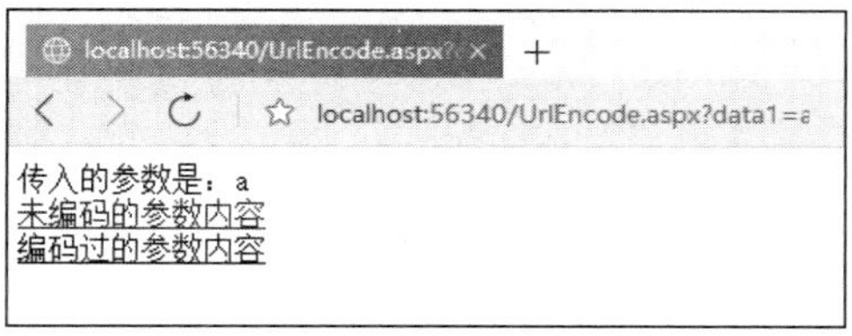

图 7-8 未编码传入的参数　　　　图 7-9 编码后传入的参数

（UrlEncode.aspx.cs）

```
protected void Page_Load(object sender, EventArgs e)
{
    if (Request["data1"] != null)
        Response.Write("传入的参数是：" + Request["data1"].ToString( ));
    Response.Write("<BR>");
}
```

（UrlEncode.aspx）

```
<form id="form1" runat="server">
    <div>
    <A Href="UrlEncode.aspx?data1=a# @ #b">未编码的参数内容</A><br>
    <A Href="UrlEncode.aspx?data1=<% Response.Write(Server.UrlEncode("a# @ #b")); %>">
编码过的参数内容</A>
    </div>
```

```
</form>
```

程序说明：

本例页面上放了两个链接，其链接的网址就是网页 UrlEncode.aspx 本身，不过带有参数，对于带有参数的网址，如 UrlEncode.aspx? 参数名=参数值，在网页中可以用 Request[参数名]来获取参数值;本例中链接网页的参数名为 data1,参数值分别为 a# @ #b 与用 UrlEncode 进行编码后的 a# @ #b：Server.UrlEncode("a# @ #b")。由于 a# @ #b 有特殊字符，Request[data1]不能正确取得参数，如图 7-8 所示;而用 UrlEncode 进行编码后，Request[data1]能正确取得参数，如图 7-9 所示。

3．获取与虚拟路径或相对路径对应的实际路径

在程序中，一般使用文件的虚拟路径或相对路径，以使程序有较大的灵活性。但有时必须给出其实际路径，此时可用 MapPath 方法将虚拟路径转换为实际路径。

【例 7-6】用 MapPath 来获取不同路径，运行结果如图 7-10 所示。（MapPath.aspx）

```
protected void Page_Load(object
sender, EventArgs e)
    {
        Response.Write("当前网页："+
Server.MapPath("newfile.aspx") + "<Br>");
        Response.Write("当前网页所在目
录："+ Server.MapPath("./") + "<Br>");
        Response.Write("当前网站根目录：
" + Server.MapPath("/"));
    }
```

图 7-10　用 MapPath 来获取不同路径

7.5　Cookie 对象

7.5.1　Cookie 的特点

Cookies、Session 和 Application 对象很类似，也是一种集合对象，都是用来保存数据。但 Cookies 和其他对象最大的不同是 Cookies 将数据存放于客户端的磁盘上，而 Application 以及 Session 对象是将数据存放于 Server 端。在 Cookie 中只能含有较少量的信息，通常不超过 4096 个字节（有些较新的浏览器可以达到 8192 个字节）。

7.5.2　Cookie 的读写

Cookie 通过 Request 对象和 Response 对象进行读写，其读写方法为：

1）写入数据：Response.Cookies["数据名称"].Value=数据

2）读取数据：data1=Request.Cookies["数据名称"].Value

注意：

写入数据用 Response 对象，读取数据用 Request 对象。

7.5.3　Cookie 的生存期

如果不设置 Expires 属性，cookie 就在当前会话结束时终止。也可以在程序中自行设定有效日期，只要指定 Cookie 变量的 Expires 属性即可。使用语法如下所示。

Response.Cookies[CookieName].Expires=日期

若没有指定 Expires 属性，则 Cookie 变量将不会被储存，会像 Session 一样浏览器关闭便被销毁。

7.5.4　Cookie 验证的安全性

在使用 Cookie 验证使用者时，必须要考虑到身份验证的问题。因为使用者可能在非私人的计算机上浏览，或是个人计算机的安全防护不完善，导致其他人可能使用同一个浏览器上相同的网站，这样一来任何人都可以顺利的通过 Cookie 的验证。对于有机密考虑的数据或是有价交易的处理，势必造成漏洞，设计这方面的网站时，要小心仔细考虑 Cookie 的应用。

7.5.5　Cookie 应用举例

【例 7-7】用 Cookie 保存上次访问的用户名。
（CookieDemo.aspx.cs）

```
protected void Page_Load(object sender, EventArgs e)
{

    HttpCookie readcookie = Request.Cookies["user"];
    if (readcookie != null)
        TextBox1.Text = readcookie.Value;
}

protected void Button1_Click1(object sender, EventArgs e)
{
    HttpCookie cookie = new HttpCookie("user");
    DateTime dt = DateTime.Now;
    TimeSpan ts = new TimeSpan(0, 0, 6, 0);
    cookie.Expires = dt.Add(ts);
    cookie.Value = TextBox1.Text;
    Response.AppendCookie(cookie);
    Response.Write("用户名已存入Cookie,请重新打开网页验证");
    Response.Write("<BR>");
}
```

（CookieDemo.aspx）
```
<form id="form1" runat="server">
  <div>
  用户名：
      <asp:TextBox id="TextBox1"  width="80" runat="server"></asp:TextBox>
  <asp:Button id="Button1" runat="server" Text="登录"
```

```
            OnClick="Button1_Click1"></asp:Button>
    </div>
    </form>
```

运行 CookieDemo.aspx，输入"hello"，单击"登录"按钮，程序把用户名存入 Cookie，如图 7-11 所示；重新打开 CookieDemo.aspx 时，在文本框中自动显示上次登录的用户名，如图 7-12 所示。

图 7-11　运行 CookieDemo.aspx，输入"hello"　　图 7-12　在文本框中自动显示上次登录的用户名

上例中，只在 Cookie 中保存了一个值，通过 HttpCookie 的 Values 属性也可以在一个 Cookie 中保存多个名称/值子键对。例如，创建一个名为"userInfo"的 Cookie，并使其包含两个子键：userID 和 userName。用子键代替单独的 Cookie 可以使信息更有条理。

【例 7-8】用 Cookie 存储多个值，运行结果如图 7-13 所示。（Cookies2.aspx）

```
protected void Page_Load(object sender, EventArgs e)
    {
        HttpCookie cookie = new HttpCookie("userInfo");
        DateTime dt = DateTime.Now;
        TimeSpan ts = new TimeSpan(0, 0, 6, 0);
        cookie.Expires = dt.Add(ts);
        cookie.Values.Add("userID", "11");
        cookie.Values.Add("userName", "宋江");
        Response.AppendCookie(cookie);
        HttpCookie readcookie = Request.Cookies["userInfo"];
        Response.Write("用户编号是：" + readcookie.Values["userID"].ToString());
        Response.Write("<br>");
        Response.Write("用户姓名是：" + readcookie.Values["userName"].ToString());
    }
```

图 7-13　用 Cookie 存储多个值

 习　题

1. 为什么要对 Application 对象进行锁定？何时进行锁定？
2. ASP.NET 包含哪些内置对象？各有什么功能？
3. 如何利用 Response 对象实现网页的跳转？
4. 如何得到客户端的 IP 地址？
5. Application 对象、Session 对象和 Cookie 对象有什么区别和联系？
6. 简述 Cookie 的用途及其局限性。
7. Server 的 UrlEncode()、MapPath()和 HTMLEncode()各起什么作用？
8. 上机调试书中例题。

第8章
母版页与主题

Chapter 08

本章目标

➤ 母版页

➤ 主题与外观

➤ 用户控件

8.1 母版页

8.1.1 母版页概述

以前制作网站的时候，为了使网页统一结构和风格，总是将页面头部、导航和底部等分别制作成独立的文件，然后在各个页面中进行包含，或者使用 Dreamweaver 提供的模板功能。现在.NET2.0 中提供了功能更为强大的母版页，使用母版页，开发者可以很轻松的实现网站界面的统一。

ASP.NET 中提供了母版页（Master 页面）来简化设计，母版页可以为应用程序中的所有页面定义标准的布局和操作方式。例如，整个网站都包括同样的格局、同样的页头、同样的页脚、同样的导航栏。

母版页的扩展名为 "master"，它也是页面，同样具有其他.NET 页面的功能，只是后缀名不同。母版页的预定义布局中，就包含了其他使用母版页的文件都需要的内容，如图片、文本、控件等。母版页由特殊的@ Master 指令识别，该指令替换了用于普通 ASP.NET 页的@ Page 指令。

母版页和其他页面主要的区别在于，Master page 包含占位符 ContentPlaceHolder，ContentPlaceHolder 控件起到一个占位符的作用，能够在母版页中标识出某个区域，该区域将内容页中的特定代码代替。使用 Master 页面的主要优点是，可以在一个地方进行更新。

每个内容页面都以 Master 页面为基础，开发人员将在这里为每个页面添加具体的内容。Content 页面包含文本、HTML 和位于<asp:content>标记内的控件。当关于某个

Content 页面的请求到达时，该 Content 页面将和它的 Master 页面的一个副本组合到一起，由 Master 页面中特定的占位符包含 Content 页面的内容。然后完整的页面将发送到浏览器。

8.1.2 母版页应用实例

【例 8-1】网上书店系统中，各页面的头部和底部具有共同的内容，如图 8-1、图 8-2 所示为首页与图书浏览两个页面。用母版页功能来简化页面设计。

图 8-1 Default.aspx 页面

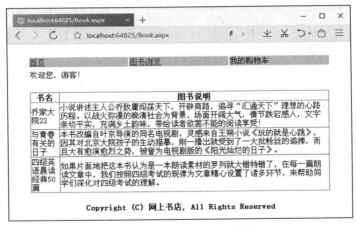

图 8-2 Book.aspx 页面

1. 创建 Master 页面

1）新建一个 ASP.NET 空网站。

2）单击"网站/添加新项"菜单命令，在"添加新项"对话框中，在中间列表框选择"母版页"，如图 8-3 所示。然后单击"添加"按钮。

3）打开母版页，按图 8-4 设计母版页。其中"首页"链接 Default.aspx；"图书浏览"链接 Book.aspx；"欢迎您，游客！"是 Label 控件的文本。

4）从"工具箱"的"标准"栏拖放一个 ContentPlaceHolder 控件到表格的中间单元格中，如图 8-5 所示。

图 8-3 "添加新项"对话框

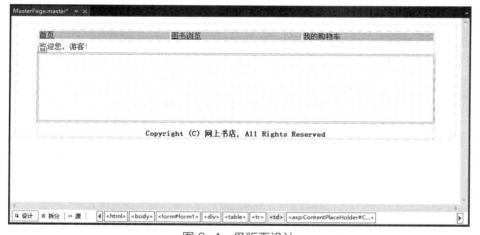

图 8-4 母版页设计

图 8-5 拖入一个 ContentPlaceHolder 控件

MasterPage.master 文件代码如下。

```
<%@ Master Language="C#" AutoEventWireup="true" CodeFile="MasterPage.master.cs"
Inherits="MasterPage" %>

<!DOCTYPE html PUBLIC "-//W3C//DTD XHTML 1.0 Transitional//EN"
"http://www.w3.org/TR/xhtml1/DTD/xhtml1-transitional.dtd">

<html xmlns="http://www.w3.org/1999/xhtml" >
<head runat="server">
    <title>无标题页</title>
</head>
<body topmargin="0">
    <form id="form1" runat="server">
    <div>
         <table width="90%" align="center">
            <tr>
                <td style="width: 100px" bgcolor="#ccccff">
                            <a href="Default.aspx">首页</a>
                </td>
                <td style="width: 100px" bgcolor="#ccccff">
                 <a href="Book.aspx"> 图书浏览</a>

                </td>
                <td style="width: 100px" bgcolor="#ccccff">
                            我的购物车</td>

            </tr>
            <tr>
                <td colspan="3" style="height: 29px">
                    <asp:Label ID="Label1" runat="server" Text="欢迎您，游客！"
Width="137px"></asp:Label></td>
            </tr>
            <tr>
                <td colspan="3" style="height: 146px">
                     <asp:ContentPlaceHolder ID="ContentPlaceHolder1"
runat="server">

                    </asp:ContentPlaceHolder>
                 </td>
            </tr>
            <tr>
                <td colspan="3" align="center">
                    <br />
                    <strong>
                    Copyright (C) 网上书店 2017, All Rights Reserved </strong>
                </td>
            </tr>
```

```
        </table>

    </div>

    </form>
</body>
</html>
```

从上面看出，母版页与.aspx 文件结构之间的差异如下。

> 一是母版页的扩展名是.master，与普通.aspx 文件不同。客户端浏览器向服务器发出请求，能够访问.aspx 文件，但是不能执行访问母版页。客户端可以访问内容页，通过内容页对母版页的绑定，才能够间接访问母版页。

> 二是普通.aspx 文件的代码头声明是＜％@Pape％＞，而母版页文件的代码头声明是＜％@Master％＞。

> 三是母版页中可以包括一个或者多个 ContentPlaceHolder 控件，而在普通.aspx 文件中是不包含该控件的。

2. 设计 Default.aspx 内容页面

1）单击"网站/添加新项"菜单命令；在"添加新项"对话框中模板选择"Web 窗体"；名称设为：Default.aspx；并勾选"选择母版页"复选框，如图 8-6 所示。单击"添加"按钮。

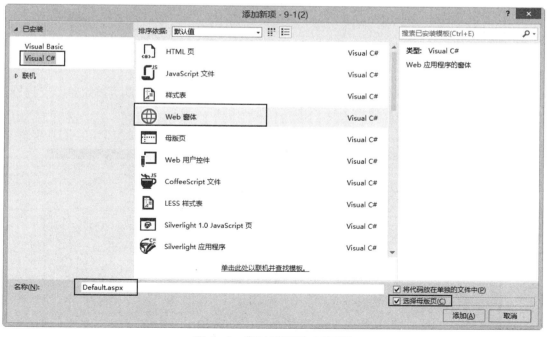

图 8-6 "添加新项"对话框

2）在"选择母版页"对话框中，文件夹内容选"MasterPage.master"，如图 8-7 所示。单击"确定"按钮，生成的 Default.aspx 初始设计页面如图 8-8 所示。

图 8-7 "选择母版页"对话框

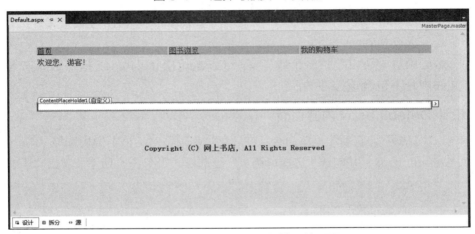

图 8-8 Default.aspx 初始设计页面

从图 8-8 可见，母版页内容是只读的（呈现灰色部分），不可被编辑，而内容页内容则可以进行编辑。如果需要修改母版页内容，则必须打开母版页。

3）在 Content 部分输入文字"欢迎光临网上书店！"，并调整字号大小，如图 8-9 所示。

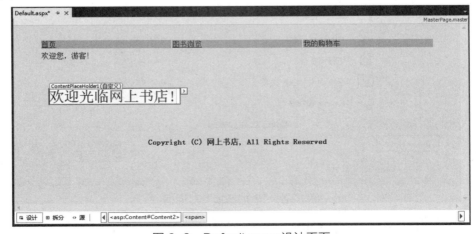

图 8-9 Default.aspx 设计页面

Default.aspx 文件内容如下。

```
<%@ Page Title="" Language="C#" MasterPageFile="~/MasterPage.master"
AutoEventWireup="true" CodeFile="Default.aspx.cs" Inherits="_Default" %>

<asp:Content ID="Content1" ContentPlaceHolderID="head" Runat="Server">
</asp:Content>
<asp:Content ID="Content2" ContentPlaceHolderID="ContentPlaceHolder1" Runat="Server">
    <span style="font-size: 24pt">

        欢迎光临网上书店!</span>
</asp:Content>
```

从该文件看出,内容页的代码头声明与普通.aspx 文件比较,增加了属性 MasterPageFile 和 Title 设置。属性 MasterPageFile 用于设置该内容页所绑定的母版页的路径,属性 Title 用于设置页面 title 属性值。在内容页中,还可以包括一个或者多个 Content 控件。页面中所有非公共内容都必须包含在 Content 控件中。每一个 Content 控件通过属性 ContentPlaceHolderID 与母版页中的 CotentPlaceHolder 控件相连接,实现母版页与内容页的绑定。

4）运行 Default.aspx 页面,效果如图 8-1 所示。

3. 设计 Book.aspx 内容页面

1）单击"网站/添加新项"菜单命令;在"添加新项"对话框中模板选择"Web 窗体";名称设为：Book.aspx;并勾选"选择母版页"复选框,单击"添加"按钮。

2）在"选择母版页"窗体中,"文件夹内容"选"MasterPage.master",单击"确定"按钮。

3）切换到 Book.aspx 的"设计"视图,向 Content 部分拖入一个 GridView 控件,如图 8-10 所示。

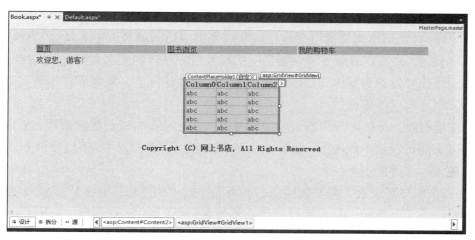

图 8-10 Book.aspx 的"设计"视图

4）切换到 Book.aspx 的代码文件,为 Page_Load 事件编写代码如下。

```
using System;
using System.Collections.Generic;
using System.Data;
using System.Data.SqlClient;
using System.Web;
using System.Web.UI;
using System.Web.UI.WebControls;

public partial class Book : System.Web.UI.Page
{
    protected void Page_Load(object sender, EventArgs e)
    {
        SqlConnection conn = new SqlConnection("server=.;database=demo;integrated security=true");
        conn.Open();
        SqlDataAdapter da = new SqlDataAdapter("select top 3 BookName as 书名,description as 图书说明 from books", conn);
        DataSet ds = new DataSet();
        da.Fill(ds, "book");
        GridView1.DataSource = ds;
        GridView1.DataBind();

    }
}
```

5）运行 Book.aspx 页面，效果如图 8-2 所示。

8.1.3 内容页中访问母版页中的内容

在实际应用中，可能需要通过后台代码从内容页中访问母版页中的属性、方法或控件。要达到这个目的，必须在母版页中将被访问的属性或方法声明为公共成员（public），如将方法的访问修饰符设置为 public，否则无法从内容页中访问它。从内容页中访问母版页中的控件时，则没有这种限制。

由于在运行时，母版页与内容页将会合并在一起，从而构成最终的页面，因此内容页的代码可以访问母版页中的控件。具体用法是在内容页后台代码中调用 FindControl 方法获取对母版页中控件的引用。

【例 8-2】用户登录后，需要把网上书店页面中的"欢迎您，游客！"改为欢迎具体的用户。假设"小王"登录，要求用代码动态修改欢迎提示为："欢迎您，小王！"。

步骤如下：

1）复制项目 8-1，改名为项目 8-2，并在 VS2013 中打开项目 8-2。

144

2）打开 Default.aspx，切换到其代码文件，为 Page_Load 事件编写如下代码。

```
protected void Page_Load(object sender, EventArgs e)
{
    Label lbl=  (Label)Master.FindControl("Label1");
    lbl.Text = "欢迎您，小王！";
}
```

3）运行 Default.aspx，效果如图 8-11 所示。

图 8-11　运行效果

8.2　主题与外观

外观可以理解成对服务器控件的样式定义，以.skin 文件来存放对页面中各个控件的属性设置，这些属性值将应用于 Web 应用程序中的同类控件中。

主题就是一组属性定义的集合，将样式、外观以及其他文件如 JavaScript 文件、图像文件、资源文件等综合放置在一个特殊的文件夹中就形成一个主题。一个网站中可以有多个这样的文件夹，相应地就可以称之为有多个主题。主题可以应用在整个应用程序、页面和控件上。样式、外观和主题经过 ASP.NET 2.0 编译和运行，最终结果表现为 CSS 样式。也就是说，ASP.NET 2.0 最终将以级联样式单的形式将样式、外观和主题呈现给浏览者。

8.2.1　主题与外观概述

1．外观文件

外观文件以".skin"为后缀，为一批服务器控件定义外貌。例如，可以定义一批 TextBox 或者 Button 服务器控件的底色、前景色；定义 GridView 控件的头模板、尾模板的样式等。对控件显示属性的定义必须放在的外观文件中；外观文件必须放在"主题目录"下，而主题目录又必须放在专用目录 App_Themes 的下面。

2. 主题

主题是 ASP.NET 2.0 中新增的一项功能，存在于网站根目录下 App_Themes 文件夹中。它允许开发者将页面的样式和布局信息，存放到一个独立的文件中，总称为主题（Theme）。接下来，可以将该主题应用于任何站点，来控制站点中页面和控件的外观。通过对主题的切换，便可以轻松地实现网站风格的切换。

主题是存在于 App_Themes 文件夹中的一个文件夹，其中包含了外观文件*.skin、样式文件*.css 以及其他图片等资源文件。如图 8-12 所示的是一个典型的主题文件夹。

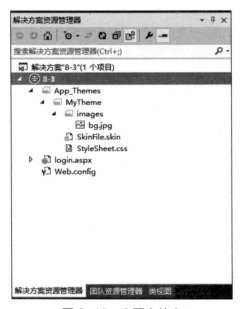

图 8-12　主题文件夹

3. 样式

一个主题中除了外观文件外，还有样式文件，即*.css 文件，在 ASP.NET 2.0 中，HTML控件和 ASP.NET 服务器控件都支持 Style 对象，用来定义该控件的样式。CSS 样式可以定义控件的静态行为。

外观文件（skin 文件）和样式表文件（css 文件）的主要区别如下：

1）样式表文件只能用来定义 HTML 的标记，而外观文件可以用来定义服务器控件。

2）可以通过外观文件使页面中的多个服务器控件具有相同的外观，而如果用样式表文件来实现，则必须设置每个控件的 CssClass 属性，才能将样式表中定义的 CSS 类应用于这些控件，非常烦琐。

3）使用样式表文件虽然能够控制页面中各种元素的样式，但是有些服务器控件的属性却无法用样式表文件控制，而外观文件则可以轻松完成属性控制。

8.2.2　应用实例

【例 8-3】对于如图 8-13 所示的用户登录窗口，利用主题来改变其外观，修改后运行效果如图 8-14 所示。

图 8-13 用户登录窗口

图 8-14 运行效果

步骤如下：

1）新建一个 ASP.NET 空站点。

2）添加一个 Web 页 login.aspx。

3）在"解决方案资源管理器"对话框中，鼠标右击站点，在弹出的菜单中单击"添加 ASP.NET 文件夹"–"主题"命令，增加一个主题文件夹，并把自动生成的"主题 1"文件夹名改为"MyTheme"，如图 8-15 所示。

4）鼠标右击 MyTheme 文件夹，在弹出的菜单中单击"添加新项"—"外观文件"命令，在弹出的对话框中单击"确定"按钮。在站点的 MyTheme 文件夹中添加了一个 SkinFile.skin 文件。

5）在外观文件 SkinFile.skin 中给 TextBox 和 Button 两种控件定义显示外观，SkinFile.skin 文件如下。

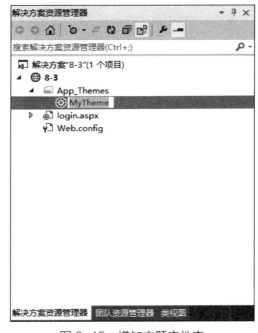

图 8-15 增加主题文件夹

```
<asp:TextBox runat="server"  BorderWidth="4px"   BorderColor="red" ></asp:TextBox>
<asp:Button  runat="server" BorderWidth="4px"   BorderColor="red"    ForeColor="Blue"
></asp:Button>
<asp:Button  runat="server"  SkinId="Skin2" BorderWidth="2px"    BorderColor="green"
></asp:Button>
```

 提示

在外观文件（.skin 文件）中，由于系统没有提供控件属性设置的智能提示功能，所以一般不在外观文件中直接编写代码定义控件的外观，可以先向页面中加入控件，然后在属性窗口中设置它的各种属性，以达到使用主题后所要达到的效果。然后复制该控件的整个代码到外观文件中，去掉该控件的 Id 属性，再根据需要为其添加 SkinId 属性定义，这样关于该控件的主题代码就制作完毕。

6）将主题应用于 Web 页面。在 login.aspx 的 html 源代码的@ Page 指令中设置 Theme 属性，如下所示。

<%@ Page Language="C#" AutoEventWireup="true" CodeFile="login.aspx.cs" Theme= "MyTheme" Inherits="login" %>

并设置"重置"按钮的 SkinId 为"Skin2"，如下所示。

<asp:Button id="btnReset" SkinId="Skin2" runat="server" Width="55px" Text="重置" CausesValidation="False" ></asp:Button>

提示

- 在设计阶段，看不出外观文件中定义的作用，只有当程序运行时，在浏览器中才能够看到控件外貌的变化。
- 要把指定的 skin 应用于控件，必须将主题应用于页面或应用程序，然后把控件的 SkinId 属性设置为 skin 文件中指定的 SkinId。
- 一旦使用 Theme=定义了一个页面的 theme，页面中对控件进行的属性设置会失败，如果希望页面中属性设置生效，需要在定义 Theme 的时候使用 SytleSheetTheme=来代替直接使用 Theme。

7）运行 login.aspx 效果如图 8-16 所示。

图 8-16　运行 login.aspx 效果

注意："重置"按钮的边框颜色为 green，因为其 SkinId 设为 Skin2，所以由 MyTheme 中 SkinId 为 Skin2 的 Button 外观决定其显示；其他按钮与文本框的边框颜色为红色，由 MyTheme 中的 Button 外观决定其显示。

8）给主题添加样式文件。鼠标右击 MyTheme 主题文件夹，在弹出的菜单中单击"添加"—"添加新项"—"样式表"命令，在弹出的对话框中单击"添加"按钮，添加一个样式文件 StyleSheet.css，编辑内容如下。

```
a:link{
text-decoration: none;
color: #003366;
font-family: Tahoma, Verdana, "宋体";
}
```

```
a:visited {
 text-decoration: none;
 color: #003366;
 font-family: Tahoma, Verdana, "宋体";
 }
a:hover {
 text-decoration: none;
 color:#FF9900;
 font-family: Tahoma, Verdana, "宋体";
 }
input {
 color:Green;
 }
.red
{
 color:Red;
 background-image: url(./images/bg.jpg);
 }
```

9）添加 images 文件夹。由于样式文件中用到了背景图片，需要添加一个 images 文件夹并放置背景图片。

鼠标右击 MyTheme 主题文件夹，在弹出的菜单中选择"添加新建文件夹"，并把新建的文件夹改名为"images"。鼠标右击"images"文件夹，选择"添加现有项"，找到 bg.jpg 文件将其存入。

10）设置"密码"文本框的 CssClass 为"red"，如下所示。

```
<asp:TextBox id="txtPwd" runat="server" Height="32px" Width="104px" CssClass="red"
TextMode="Password"></asp:TextBox>
```

11）运行 login.aspx，注意到链接发生了变化，密码文本框中文本为红色，效果如图 8-14 所示。

 提示

　　一旦将样式表文件（css 文件）保存在主题下，样式表将自动作为主题的一部分，在网页中只引用主题即可，不必再单独引用.css 文件。

8.2.3　将主题文件应用于整个应用程序

为了将主题文件应用于整个应用项目，可以在应用项目根目录下的 Web.config 文件中进行定义。例如，要将 Themes1 主题目录应用于应用项目的所有文件中，可以在 Web.config 文件中定义，如下：

```
    <configuration>
```

```
    <system.web>
      <pages theme="Themes1" />
    </system.web>
  </configuration>
```

通过这种方式设置以后，任何一个网页都会自动应用 Themel 主题，不必再为每一个网页分别设置 Theme 属性。

8.2.4　主题应用的规则和优先级

主题应用的规则和优先级如下：

1）如果设置了应用程序或页的 Theme 属性，则主题中控件的设置和页中控件的设置将进行合并，以构成控件的最终设置。

2）如果同时在控件和主题中定义了控件的属性设置，则主题中的控件属性设置将重写任何页中的控件上的设置。

3）如果将主题通过设置页面的 StyleSheetTheme 属性作为样式表主题来应用，则页中的属性设置优先于主题中属性定义的设置。

4）当在页级别或容器级别禁用主题时，会对页或容器包含的所有控件禁用主题，如 Panel Web 服务器控件或者用户控件。

5）页面声明中的主题覆盖 web.config 文件中指定的所有主题。

6）如果在 web.config 里指定了主题，则这个设置将覆盖页面的 StyleSheetTheme 设置和页面上的控件设置。

7）CSS 样式的定义采取就近和后定义起作用的原则。如果前后对一个控件定义了相同的 CSS，那么后面的定义将起作用而忽略前面的定义。

8）aspx 页面中如果设置了<head runat="server">，则 ASP.NET2.0 将自动引入主题中的 CSS 文件。

9）在主题文件夹中可以包括图片，这在 TreeView、Menu 等服务器控件中使用自定义图片时特别有用。这些图片的地址只需要提供与外观文件.skin 的相对路径即可，ASP.NET2.0 会自动调整为正确的 URL 地址。

8.3　用户控件

用户控件（User Control）是一种自定义的组合控件，通常由系统提供的可视化控件组合而成。在用户控件中不仅可以定义显示界面，还可以编写事件处理代码。当多个网页中包括有部分相同的用户界面时，可以将这些相同的部分提取出来，做成用户控件。

一个网页中可以放置多个用户控件。通过使用用户控件不仅可以减少编写代码的重复劳动，还可以使多个网页的显示风格一致。更为重要的是，一旦需要改变这些网页的显示界面时，只需要修改用户控件本身，经过编译后，所有网页中的用户控件都会自动跟随改变。

用户控件本身就相当于一个小型的网页，同样可以为它选择单文件模式或者代码分离模式。然而用户控件与网页之间还是存在着一些区别，这些区别包括：

1）用户控件文件的扩展名为 ascx 而不是 aspx；代码的分离（隐藏）文件的扩展名是 ascx.cs 而不是 aspx.cs。

2）在用户控件中不能包含 <HTML>、<BODY>和<FORM>等 HTML 语言的标记。

3）用户控件可以单独编译，但不能单独运行。只有将用户控件嵌入 aspx 文件中时，才能和 ASP.NET 网页一起运行。

4）用户控件以<%@Control　%>指令开始。

5）用户控件使用文件扩展名 ascx，它们的代码隐藏文件是从 System.Web.UI. UserControl 类中继承而来的。

8.3.1　创建用户控件

【例 8-4】由于在网上书店项目中多个页面需要显示图书信息，因此要求创建一个显示图书信息的用户控件，并在页面中调用该用户控件来显示图书信息，效果如图 8-17 所示。

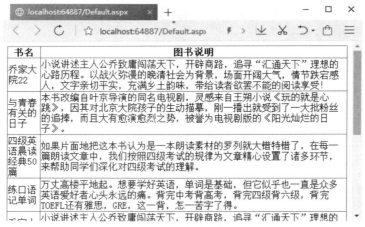

图 8-17　运行效果

创建用户控件的步骤如下：

1）创建一个 ASP.NET 空网站，如图 8-4 所示。

2）单击"网站"－"添加新项"命令，在弹出的"添加新项"对话框中选择"Web 用户控件"模板，设置其名称为"Book.ascx"，单击"添加"按钮，如图 8-18 所示。

3）打开 Book.ascx 文件，切换到"设计"页面，从工具箱拖入一个 GridView 控件。生成的 Book.ascx 文件内容如下。

```
<%@ Control Language="C#" AutoEventWireup="true" CodeFile="Book.ascx.cs"
Inherits="Book" %>
    <asp:GridView ID="GridView1" runat="server">
    </asp:GridView>
```

4）切换到代码文件，为 Page_Load 事件编写代码如下。

```
using System;
using System.Collections.Generic;
using System.Data;
using System.Data.SqlClient;
using System.Web;
using System.Web.UI;
using System.Web.UI.WebControls;

public partial class Book : System.Web.UI.UserControl
{
    protected void Page_Load(object sender, EventArgs e)
    {
        SqlConnection conn = new SqlConnection("server=.;database=demo;integrated security=true");
        conn.Open();
        SqlDataAdapter da = new SqlDataAdapter("select BookName as 书名 ,description as 图书说明  from books", conn);
        DataSet ds = new DataSet();
        da.Fill(ds, "book");
        GridView1.DataSource = ds;
        GridView1.DataBind();

    }
}
```

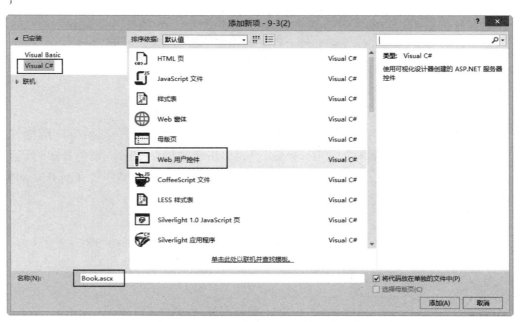

图 8-18　选择"Web 用户控件"模板

8.3.2 使用用户控件

1）添加一个 Default.aspx 页面，切换到"设计"视图。

2）在"解决方案资源管理器"中，鼠标左键按住"Book.ascx"，将其拖至 Default.aspx "设计"视图，如图 8-19 所示。

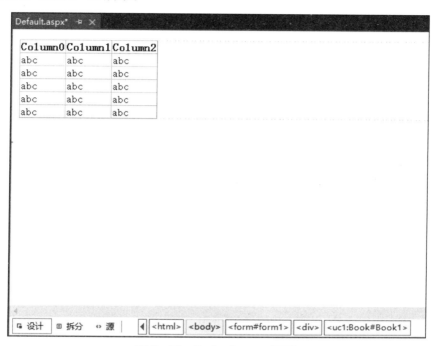

图 8-19　Default.aspx 页面

生成的 Defult.aspx 文件如下。

```
<%@ Page Language="C#" AutoEventWireup="true" CodeFile="Default.aspx.cs"
Inherits="_Default" %>

<%@ Register src="Book.ascx" tagname="Book" tagprefix="uc1" %>

<!DOCTYPE html>

<html xmlns="http://www.w3.org/1999/xhtml">
<head runat="server">
<meta http-equiv="Content-Type" content="text/html; charset=utf-8"/>
    <title></title>
</head>
<body>
    <form id="form1" runat="server">
    <div>

        <uc1:Book ID="Book1" runat="server" />
```

```
        </div>
    </form>
</body>
</html>
```

说明：

用户控件通过 Register 指令包括在 Web 窗体页中，其语法格式如下：

<%@ Register Src="Book.ascx" TagName="Book" TagPrefix="uc1" %>

其中：

➢ TagPrefix 确定用户控件的唯一命名空间（以便多个同名的用户控件可以相互区分）。

➢ TagName 是用户控件的唯一名称（可以选择任何名称）。

➢ Src 属性是用户控件的虚拟路径，如"MyPagelet.ascx"。

用 Register 指令注册了用户控件后，可以像放置普通的服务器控件那样，将用户控件标记放置在 Web 窗体页中：<uc1:Book ID="Book1" runat="server" />

3）运行 Default.aspx，效果如图 8-17 所示。

 习　题

1. 简述将 ASPX 网页转换成用户控件的方法。
2. 简述将已经创建的 ASPX 网页放进母版页的方法。
3. 什么是外观？主题与外观的关系是什么？
4. 外观文件和样式表文件的区别与联系是什么？
5. 举例说明如何使用主题。

第 9 章
Ajax 技术

本章目标

➤ ASP.NET Ajax 常用控件

➤ 用 JQuery 实现 Ajax

9.1　Ajax 简介

AJAX 全称为 "Asynchronous JavaScript and XML"（异步 JavaScript 和 XML），是一种创建交互式网页应用的网页开发技术。

对于传统的 Web 应用程序，用户在网页上触发的一次操作，就会通过发送 HTTP 请求连接到 Web 服务器，服务器响应该请求后，自动重新生成一个新的 HTML 页面回传到客户端。服务器端处理客户端提交的请求时，页面都会刷新一次。即使用户只需提交很小的一部分内容，都要通过请求服务器，然后返回一个完整的页面。用户每次都要浪费大量的时间和带宽去等待这个返回的页面，并且不能知道服务器端的处理状态。因此，在 AJAX 技术推出之前，用户不能对网页进行局部刷新，只能一次刷新整个页面，不能得到像桌面应用程序那样好的体验。而 AJAX 正是解决这种问题的技术方案，它能够支持局部刷新，只做必要的数据交换，即只需向服务器提交所需的一小部分数据，而不用将整个页面一起提交。并能够实现异步访问服务器，这样使得服务器端的响应速度更快，从而减少了用户的等待，改善了用户的体验。

AJAX 应用程序的优势在于：能够优化数据传输，减少带宽占用。AJAX 引擎在客户端运行，承担了一部分本来由服务器承担的工作，从而减少了大用户量下的服务器负载。而且，AJAX 能够提供极为丰富的客户端体验。Google 的 Gmail 和 GoogleMaps 就是 AJAX 应用的典型例子。

9.2　ASP.NET Ajax 简介

目前，AJAX 已经成为 Web 应用开发的主流技术，微软公司也将 AJAX 技术融入到已有的 ASP.NET 基础架构中，形成了自己的 AJAX 技术开发框架，其中包括 5 个主要的 Web 控件。

- ScriptManager：所有使用 AJAX 的页面都必须放置一个 ScriptManager 控件。
- ScriptManagerProxy：当母版页上已有一个 ScriptManager 控件时，在子页面中使用。
- Timer：实现定时调用，常用于定时到服务器上去提取相关的信息。
- UpdatePanel：最重要的 AJAX 控件，用于定义页面更新区域和更新方式。
- UpdateProgress：当页面异步更新正在进行时提示用户。

AJAX 控件位于"工具箱"的"AJAX 扩展"选项中，如图 9-1 所示。

图 9-1 "工具箱"的"AJAX 扩展"选项

9.3 ASP.NET Ajax 常用控件

9.3.1 ScriptManager 控件

所有需要支持 ASP.NET Ajax 的 ASP.NET 页面上有且只能有一个 ScriptManager 控件，它用来处理页面上的所有组件以及页面局部更新，生成相关的客户端代理脚本以便能够在 JavaScript 中访问 Web Service。

9.3.2 UpdatePanel 控件

UpdatePanel 强大之处在于不用编写任何客户端脚本就可以自动实现局部更新。UpdatePanel 控件的属性或方法见表 9-1。

表 9-1 UpdatePanel 控件的属性或方法

属性或方法	说　明
ChildrenAsTriggers	应用于 UpdateMode 属性为 Conditional 时，指定 UpdatePanel 中的子控件的异步回送是否会引发 UpdatePanel 的更新
RenderMode	表示 UpdatePanel 最终呈现的 HTML 元素，即 Block（默认）表示<div>, Inline 表示<span>
Triggers	用于引起更新的事件。在 ASP.NET Ajax 中有两种触发器，使用同步触发器（PostBackTrigger）只需指定某个服务器端控件即可，当此控件回送时采用传统的"PostBack"机制整页回送；使用异步触发器（AsyncPostBackTrigger）则需要指定某个服务器端控件的 ID 和该控件的某个服务器端事件
UpdateMode	表示 UpdatePanel 的更新模式，有两个选项：Always 和 Conditional。Always 是不管有没有 Trigger，其他控件都将更新该 UpdatePanel；Conditional 表示只有当 UpdatePanel 的 Trigger 或 ChildrenAsTriggers 属性为 true 时，当前 UpdatePanel 中控件引发的异步回送或者整页回送，或是服务器端调用 Update()方法才会引发更新该 UpdatePanel

【例 9-1】使用 UpdatePanel 控件。本例运行页面如图 9-2 所示，单击"确定"按钮，给文本框赋值"你好！"，注意运行过程中没有刷新整个页面。

图 9-2 【例 9-1】运行效果

1）运行 VS2013，新建一个 ASP.NET 空网站。

2）向网站添加一个页面，命名为 9-1.aspx。

3）从"工具箱"的"AJAX 扩展"选项中向 9-1.aspx 拖入一个 ScriptManager 控件、一个 UpdatePanel 控件。注意 ScriptManager 控件要放在页面顶部。

4）从"工具箱"的"标准"选项中向 9-1.aspx 拖入一个 TextBox 控件、一个 Button 控件。TextBox 控件要求放在 UpdatePanel 控件内，如图 9-3 所示。

5）双击"Button"按钮，为其单击事件编写如下代码。

```
protected void Button1_Click(object sender, EventArgs e)
{
    TextBox1.Text = "你好！";
}
```

现在运行 9-1.aspx 页面，单击"Button"按钮，文本框中出现"你好！"，观察运行时，网页下方状态栏有进度条提示，说明是整页刷新，而不是局部刷新。

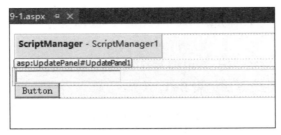

图 9-3　页面设计

6）选中 UpdatePanel 控件，在属性窗口单击 Triggers 属性旁的按钮，弹出"Update PanelTrigger 集合编辑器"对话框；单击"添加"按钮，选择"AsyncPostBackTrigger"，在"行为"窗格设置 ControlID 为 Button1，EventName 为 Click，如图 9-4 所示。

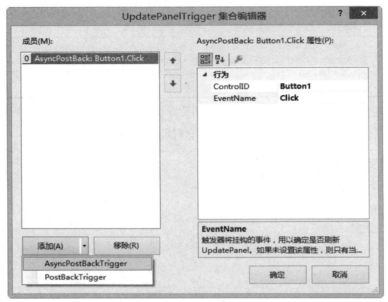

图 9-4　设置"UpdatePanelTrigger 集合编辑器"对话框

以上设置的目的是单击"Button"按钮时，只引起 UpdatePanel 控件刷新，即只刷新局部而不刷新整个页面。

7）运行 9-1.aspx 页面，单击"Button"按钮，编辑框中出现"你好!"，观察运行时，网页下方状态栏没有进度条提示，说明是局部刷新而不是整页刷新。

 提示

　　如果把按钮也放在 UpdatePanel 控件内，默认情况下，无须设置 Triggers 属性，单击时自动只刷新 UpdatePanel 控件部分。

使用 UpdatePanel 的时候并没有限制在一个页面上用多少个 UpdatePanel，所以可以为不同的需要局部更新的页面区域加上不同的 UpdatePanel。由于 UpdatePanel 默认的 UpdateMode 是 Always，如果页面上有一个局部更新被触发，则所有的 UpdatePanel 都将更新，如果不希望所有的 UpdatePanel 都更新，只需要把 UpdateMode 设置为 Conditional。

9.3.3 Timer 控件

ASP.NET Ajax 中的 Timer 控件可以让 Web 页面在一定的时间间隔内局部刷新。

【例 9-2】利用 Timer 控件定时显示时间。

1）新建一个 ASP.NET 空网站。

2）添加一个页面 9-2.aspx。

3）从"工具箱"的"AJAX 扩展"选项中向 9-2.aspx 拖入一个 ScriptManager 控件、一个 UpdatePanel 控件、一个 Timer 控件，Timer 控件位于 UpdatePanel 控件内。从"工具箱"的"标准"选项中向 9-2.aspx 的 UpdatePanel1 控件内拖入一个 TextBox 控件，如图 9-5 所示。

图 9-5 【例 9-2】页面设计

4）设置 Timer 控件的 Interval 属性为 1000，为 Timer 控件的 Tick 事件编写代码。

```
protected void Timer1_Tick(object sender, EventArgs e)
    {
        TextBox1.Text = System.DateTime.Now.ToString();
    }
```

以上设置使 Timer 控件每秒运行一次 Tick 事件中的代码。

5）运行 9-2.aspx，可以看到 TextBox1 内时间不断变化，而没有整个页面刷新。

9.3.4 ScriptManagerProxy 控件

在 ASP.NET Ajax 中，一个 ASPX 页面上只能有一个 ScriptManager 控件，所以在母版页已有 ScriptManager 控件的情况下，在内容页中使用 ASP.NET Ajax 控件，要使用 ScriptManagerProxy，而不是 ScriptManager。

9.4 ASP.NET Ajax 应用实例

9.4.1 ASP.NET Ajax 实现登录

【例 9-3】采用 Ajax 实现登录验证的功能，如果失败，弹出"登录失败！"，如图 9-6 所示，页面无需刷新。重新输入用户名 dave，口令 123，登录成功，转向登录成功页面

first.aspx，如图 9-7 所示。

图 9-6　登录失败

图 9-7　登录成功

1）新建一个 ASP.NET 空网站。

2）添加一个页面 9-3.aspx，页面设计如图 9-8 所示。

3）为"确认"按钮编写如下代码。

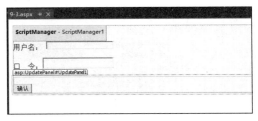

图 9-8　【例 9-3】页面设计

```csharp
protected void Button1_Click(object sender, EventArgs e)
{
    if (TextBox1.Text=="dave"&& TextBox2.Text=="123")    //登录成功
    {
        Session["userName"] = TextBox1.Text;

        Response.Redirect("first.aspx");
    }
    else
        ScriptManager.RegisterClientScriptBlock(this, this.GetType( ), "TestAlert ", "alert( '登录失败!'); ", true);
}
```

4）添加一个页面 first.aspx，为 Page_Load 事件编写如下代码。

```csharp
protected void Page_Load(object sender, EventArgs e)
{
    if (Session["userName"] == null || Session["userName"].ToString( ) != "dave")
        Response.Write("未登录，不允许访问！ ");
    else
        Response.Write("欢迎"+Session["userName"].ToString( )+" 访问！ ");
}
```

9.4.2　ASP.NET Ajax 实现下拉列表联动

【例 9-4】下拉列表联动是项目开发中经常用到的功能，本例运行效果如图 9-9 所示，当改变"图书类别"下拉列表选项时，"图书"下拉列表显示对应类别的图书，注意页面没有整页刷新。单击"确认"按钮，显示所选的图书名称。

1）新建一个 ASP.NET 空网站。

2）添加一个页面 9-4.aspx，从工具箱拖入控件，控件布局如图 9-10 所示。设置"图书类别"对应下拉列表的 AutoPostBack 属性为 True；设置 UpdatePanel1 的 Triggers，如图 9-11 所示，使得图书类别对应下拉列表选项改变时，触发 UpdatePanel1 区域刷新。

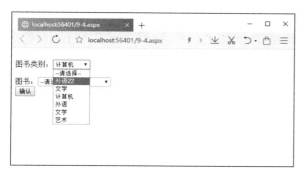

图 9-9 【例 9-4】运行效果

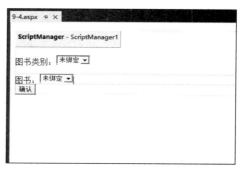

图 9-10 【例 9-4】控件布局

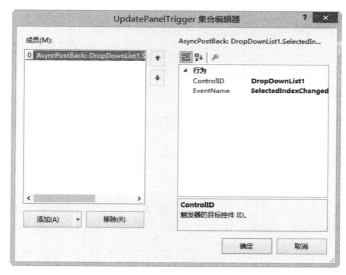

图 9-11 设置 Triggers 属性

3）添加 App_Code 文件夹，把 DBHelper.cs 加入 App_Code 文件夹。在 web.config 配置数据库连接串。

```
<appSettings>
  <add key="Db"
        value="server=(local);uid=sa;pwd=123;database=demo"/>
</appSettings>
```

4）编写如下代码。

```
protected void Page_Load(object sender, EventArgs e)
{

    if (!IsPostBack)
    {

        DataTable dt = DBHelper.GetTable("select * from    category");
```

```
                DropDownList1.Items.Clear();

                DropDownList1.Items.Add("--请选择--");

                for (int i = 0; i < dt.Rows.Count; i++)

                    DropDownList1.Items.Add(new
ListItem(dt.Rows[i]["categoryName"].ToString(), dt.Rows[i]["categoryID"].ToString()));

            }
        }


        //确认按钮的单击事件
        protected void Button1_Click(object sender, EventArgs e)
        {
            if (DropDownList2.SelectedIndex <= 0)
                Response.Write("请选择!");
            else
                Response.Write("选择了" + DropDownList2.SelectedItem.Text);
        }
        //图书类别对应下拉列表的SelectedIndexChanged事件
        protected void DropDownList1_SelectedIndexChanged(object sender, EventArgs e)
        {

            if (DropDownList1.SelectedIndex == 0)
            {
                DropDownList2.Items.Clear();
                return;
            }

            DropDownList2.Items.Clear();

            DropDownList2.Items.Add("--请选择--");

            DataTable dt = DBHelper.GetTable("select *  from  books  where categoryID= " +
DropDownList1.SelectedValue);

            for (int i = 0; i < dt.Rows.Count; i++)

                DropDownList2.Items.Add(new ListItem(dt.Rows[i]["bookName"].ToString(),
dt.Rows[i]["bookID"].ToString()));

        }
```

9.4.3　ASP.NET Ajax 实现信息即时刷新

【例 9-5】实时显示网上书店中的订单总数以及未处理订单数，运行效果如图 9-12 所示，在数据库里添加一条订单记录，页面上订单数与未处理订单数相应改变。

1）新建一个 ASP.NET 空网站。

2）添加一个页面 9-5.aspx，页面设计如图 9-13 所示。

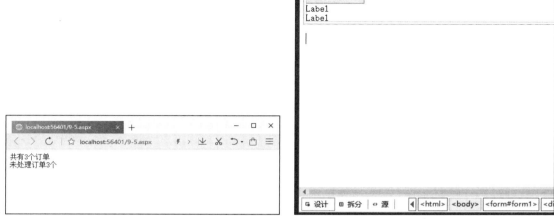

图 9-12　【例 9-5】运行效果　　　　　　图 9-13　【例 9-5】页面设计

3）添加 App_Code 文件夹，把 DBHelper.cs 加入 App_Code 文件夹。在 web.config 配置数据库连接串。

```
<appSettings>
  <add key="Db"
        value="server=(local);uid=sa;pwd=123;database=demo"/>
</appSettings>
```

4）设置 Timer1 控件的 Interval 属性为 1000，为 Timer 控件的 Tick 事件编写代码。

```
protected void Timer1_Tick(object sender, EventArgs e)
{

    int count =DBHelper.execScalar("select count(*) from orders");

    Label1.Text = "共有" + count + "个订单";

    count = DBHelper.execScalar("select count(*) from orders    where isDeliver=0");

    Label2.Text = "未处理订单" + count + "个";

}
```

9.5 JQuery 的 Ajax 技术

JQuery 是一个简洁快速灵活的 JavaScript 框架，它能在网页上简单的操作文档、处理事件、实现特效并为 Web 页面添加 Ajax 交互。JQuery 可到 www.jquery.com 网站下载。jQuery 中提供了.get、.post、.ajax 等多种 Ajax 方法，使 Ajax 变得极其简单。

【例 9-6】用 JQuery 的 Ajax 技术实现登录，如果用户名或口令不正确，弹出"登录失败!"，如图 9-14 所示，页面无须刷新。输入用户名 dave，口令 123，弹出"登录成功!"，如图 9-15 所示，接着转向登录成功页面 first.aspx。

图 9-14 【例 9-6】登录失败

图 9-15 【例 9-6】登录成功

1）运行 VS2013，新建一个 ASP.NET 空网站。

2）添加一个页面 9-6.aspx，页面设计如图 9-16 所示。注意"确认"按钮是"工具箱"—"HTML"选项中的 Input（Button）控件，如图 9-17 所示。

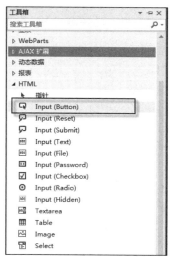

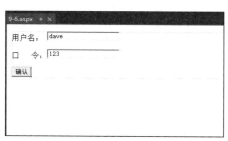

图 9-16 【例 9-6】页面设计

图 9-17 "HTML"选项中的 Input 控件

3）下载 JQuery，并把相应的 js 文件加入项目，此处为 jquery-1.9.1.js。

4）在 9-6.aspx 的<head>标签内编写 js 代码，完成后的 9-6.aspx 代码如下。

```
<%@ Page Language="C#" AutoEventWireup="true" CodeFile="9-6.aspx.cs" Inherits="_9_6" %>

<!DOCTYPE html>
```

```html
<html xmlns="http://www.w3.org/1999/xhtml">
<head id="Head1" runat="server">
    <title>无标题页</title>
    <script type="text/javascript" src="jquery-1.9.1.js"></script>

        <script type="text/javascript">

            $(document).ready(function () {

                $("#btn").click(function () {

                    $.ajax({
                        type: "POST",
                        url: "ajax.aspx",
                        data: "userName=" + $('#userName').val() + "&pwd=" +
$('#pwd').val(),


                        success: function (msg) {

                            if (msg == '1') {
                                alert("登录成功！");
                                location.href = "first.aspx";
                            }
                            else
                                alert("登录失败！");

                        }

                    });
                });
            });

    </script>
</head>
<body>
    <form id="form1" runat="server">
    <div>
    用户名：
        <asp:TextBox ID="userName" Text="dave"
runat="server"></asp:TextBox> <br />
            <br />
        口  令： <asp:TextBox ID="pwd"  Text="123"
runat="server"></asp:TextBox><br />
```

```
        <br />
        <input id="btn" type="button" value="确认" />


    </div>
    </form>
</body>
</html>
```

5）添加一个页面 ajax.aspx，该页面用来响应 ajax 请求。删除 ajax.aspx 页面中的内容，只留最上面的一行，ajax.aspx 页面内容如下所示。

```
<%@ Page Language="C#" AutoEventWireup="true" CodeFile="ajax.aspx.cs" Inherits="ajax" %>
```

为 ajax.aspx 页面的 Page_Load 事件编写如下代码：

```
protected void Page_Load(object sender, EventArgs e)
    {
        string userName = Request["userName"].ToString( );

        string pwd = Request["pwd"].ToString( );
        if (userName == "dave" && pwd == "123")
        {
            Session["userName"] = userName;
            Response.Write("1");   //登录成功!
        }
        else
            Response.Write("0");   //登录失败!
    }
```

6）添加一个页面 first.aspx，为 Page_Load 事件编写如下代码。

```
        protected void Page_Load(object sender, EventArgs e)
    {
        if (Session["userName"] == null || Session["userName"].ToString( ) != "dave")
            Response.Write("未登录，不允许访问! ");
        else
            Response.Write("欢迎"+Session["userName"].ToString( )+" 访问! ");
    }
```

 习　题

1. 什么是 Ajax?
2. Ajax 有什么优点?
3. ASP.NET Ajax 常用控件有哪些? 各有什么作用?
4. 上机调试本章例题。

第 10 章

设计实例

Chapter

本章目标

➢ 开发新闻发布系统

➢ 开发网上书店系统

10.1 新闻发布系统

10.1.1 系统分析与设计

新闻发布系统基本实现了新闻的发布以及新闻的基本的管理功能,具体包括浏览新闻、显示新闻、添加新闻、新闻列表、管理新闻、修改新闻。

新闻发布系统包含的程序文件见表 10-1。

表 10-1 新闻发布系统包含的程序文件

文 件	说 明
Default.aspx	浏览新闻页面
manageNews.aspx	管理新闻页面
NewsList.aspx	新闻列表页面
UpdateNews.aspx	修改新闻页面
NewsDetail.aspx	显示新闻页面
AddNews.aspx	添加新闻页面

系统文件结构图如图 10-1 所示。

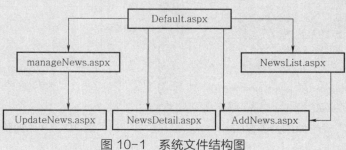

图 10-1 系统文件结构图

为了便于说明与理解，对系统作了简化，例如，系统没有考虑权限的控制问题，对不同的新闻类别也未作考虑。系统中用到的新闻表 News 结构如图 10-2 所示。

列名	数据类型	长度	允许空
ID	int	4	
Title	nvarchar	50	
Content	nvarchar	150	✓
Author	nvarchar	20	✓
Click	int	4	✓
Img	nvarchar	50	✓
NewsTime	smalldatetime	4	✓

图 10-2 新闻表 News

10.1.2 系统的运行页面

首先运行 Default.aspx 进入到浏览新闻页面，如图 10-3 所示，该页面只显示最新 10 条新闻；需要浏览新闻的详细内容时，只需单击新闻列表中的新闻标题，就可进入显示新闻详细内容的页面，如图 10-4 所示。想要浏览更多的新闻时，可以单击右下角的"更多……"链接，进入新闻列表页面，如图 10-5 所示，新闻列表用分页的方式显示所有的新闻，为了调试的方便，这里每页只显示 3 条记录，在该页面中，可以输入关键词进行查找。

在图 10-3 所示浏览新闻页面上单击"添加新闻"，就可进入图 10-6 所示的添加新闻页面，该页面可以添加新闻并上传图片。

在图 10-3 所示浏览新闻页面上单击"新闻管理"，就可进入图 10-7 所示的新闻管理页面，该页面上单击"删除"按钮可以删除新闻；单击新闻标题，可以进入修改新闻页面，如图 10-8 所示。

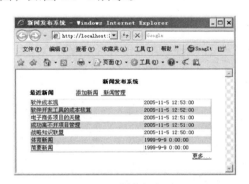

图 10-3 浏览新闻页面

图 10-4 显示新闻页面

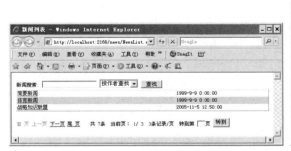

图 10-5 新闻列表页面

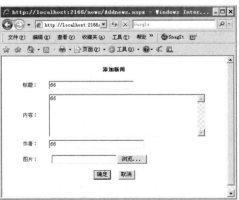

图 10-6 添加新闻页面

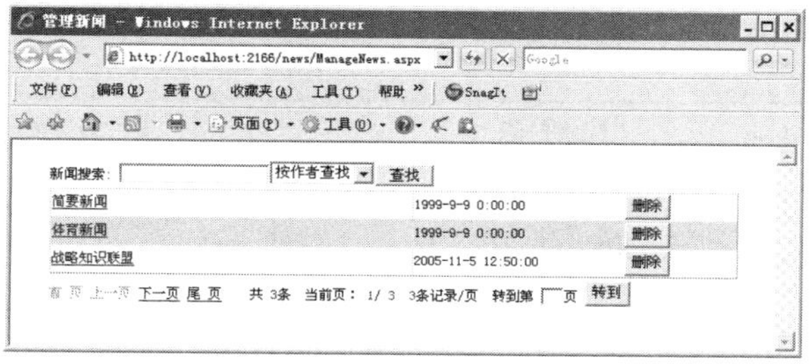

图 10-7　新闻管理页面

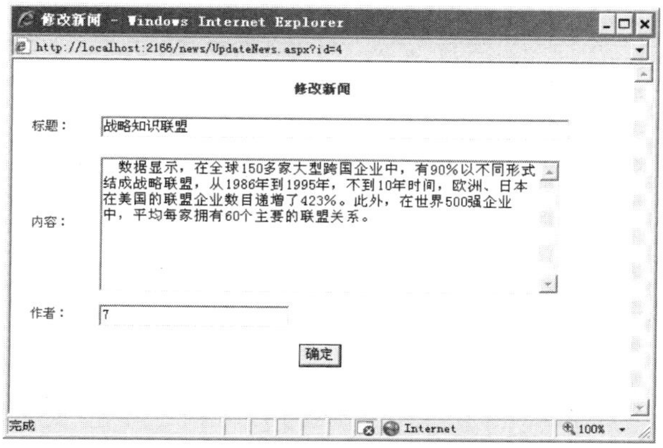

图 10-8　修改新闻页面

10.1.3　浏览新闻页面

1．模块设计

功能：从数据库中读取最近 10 条新闻，然后将新闻以列表的形式进行输出显示。单击新闻标题，应能弹出显示新闻页面；该页面应能链接到添加新闻、新闻列表和新闻管理页面。

输入：无。

输出：ID。

页面设计：参考图 10-3。

主要逻辑：在 Page_Load 事件，从 News 表取出最近 10 条新闻，绑定到 GridView 中显示。

2．实现步骤

1）新建一个 ASP.NET 网站项目 News。

2）向项目添加一个 Default.aspx 页面，并把它设为起始页，页面设计如图 10-9 所示。

图 10-9　Default.aspx 页面设计

各控件的设置见表 10-2。

表 10-2　Default.aspx 页面控件设置

控　件　ID	控　件　类　型	属　性　名	属　性　值
	HTML 表格	行列	4 行 1 列
		align	center
		border	0
dg	GridView		
	<A href=Addnews.aspx target=_parent>添加新闻</A>		
	<A href=ManageNews.aspx target=_blank>新闻管理</A>		
	<A href=NewsList.aspx target=_blank>更多...</A>		

其中 GridView 的设置如下。

```
<asp:GridView ID="dg" runat="server" AutoGenerateColumns="False"
ShowHeader="False">
            <Columns>
                <asp:TemplateField>
                    <ItemTemplate>
                    <a href="#" onclick=openWin(<%# Eval("id") %>)        >       <%#
Eval("Title") %></a>

                    </ItemTemplate>
                    <ItemStyle Width="260px" />
                </asp:TemplateField>
                <asp:BoundField DataField="NewsTime">
                    <ItemStyle Width="150px" />
                </asp:BoundField>
            </Columns>
            <AlternatingRowStyle BackColor="#E0E0E0" />
        </asp:GridView>
```

3）为 Page_Load 事件编写代码，内容如下：

```
        protected void Page_Load(Object sender, EventArgs e)
        {
            dg.DataSource = DBHelper.GetTable("select top 10 * FROM News    order by
NewsTime desc");
            dg.DataBind();
        }
```

程序说明：

1）select top 10 * FROM News　order by NewsTime desc 语句返回按发布时间降序排列后的前 10 条语句，也就是最近的 10 条记录。

2）通过调用 javascript 函数 openWin，实现了对弹出显示新闻内容页面的大小与位置的控制。

javascript 函数 openWin 的具体实现如下。

```
function openWin(id)
{
var popup;
popup=window.open("NewsDetail.aspx?id="+id,null,"top=5,left=5,width=600,resizable=yes,
height=400,menubar=no,toolbar=no,scrollbars=yes,status=yes");
    popup.focus( );
}
```

10.1.4 显示新闻页面

1. 模块设计

功能：显示给定新闻的详细信息。

输入：新闻 ID。

输出：无。

界面设计：参考图 10-4。

主要逻辑：在 Page_Load 事件中，进行如下操作：

● 从网页 URL 中取得新闻编号。

● 从 News 表取得相应新闻的内容，并在 DataList 中绑定显示。

● 更新新闻的点击率，把 News 表相应新闻的 click 字段值加 1。

2. 实现步骤

1）向 News 项目添加一个 NewsDetail.aspx 页面，页面中放入一个 DataList 控件，设置如下。

```
<asp:DataList id="DataList1" runat="server" Width="80%" HorizontalAlign="Center" >
        <ItemTemplate>
    <table   id="Table1"   cellSpacing="1"   cellPadding="1"   width="100%"   align="center"
border="0">
                    <tr>
            <td align="center"><font color="#0000ff"><%#Eval("Title")%></font></td>
                    </tr>
                    <tr>
            <td align="center"><IMG src='images\<%# Eval("img") %> '></td>
                    </tr>
                    <tr>
                <td align="left"><%# Eval("Content") %></td>
                    </tr>
                    <tr>
                <td align="right"><%#Eval("NewsTime") %></td>
                    </tr>
                    <tr>
                <td align="right"><%# Eval("Author") %></td>
                    </tr>
                    <tr>
                        <td>
    <table id="Table2" cellSpacing="1" cellPadding="1" width="100%" border="0">
```

```
                    <tr>
    <td>浏览<font color="#ff00cc"><%# Eval("click") %></font>次</td>
                    <td>
    <DIV align="right"><A href="javascript:window.close( )">关闭</A></DIV>
                    </td>
                    </tr>
                    </table>
                    </td>
                    </tr>
                    </table>
            </ItemTemplate>
        </asp:DataList>
```

2）为 Page_Load 事件编写代码，内容如下。

```
    public void Page_Load(Object sender, EventArgs e)
    {
        //从网页传入参数中取得新闻编号
        string newsID = Request.Params["id"];//新闻编号
        //从数据库取得相应新闻的内容

        DataList1.DataSource = DBHelper.GetTable("SELECT * FROM News WHERE id=" +
newsID);
        DataList1.DataBind( );
        //更新新闻的点击率
        DBHelper.execSql("UPDATE News SET click =click+1   WHERE id= " + newsID);
    }
```

10.1.5 添加新闻页面

1. 模块设计

功能：上传新闻，在数据库中增加一条新闻信息。

输入：无。

输出：无。

页面设计：参考图 10-6。

主要逻辑：在单击"确定"事件中，执行如下操作。

1）检查用户是否按要求输入，如标题、内容、作者等不能为空；标题不能太长。

2）保存上传文件，要防止上传文件与已有文件重名。

3）把用户的输入存入 news 表中。

2. 实现步骤

1）向项目添加一个 AddNews.aspx 页面，页面设计如图 10-10 所示。

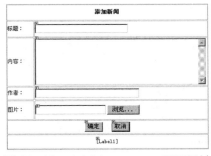

图 10-10　AddNews.aspx 页面设计

各控件的设置见表 10-3。

表 10-3　AddNews.aspx 页面控件设置

控　件　ID	控 件 类 型	属　性　名	属　性　值
	HTML 表格	行列	7 行 2 列
		align	center
		border	0
		合并相应的单元格	
txtTitle	TextBox		
txtContent	TextBox	TextMode	MultiLine
txtAuthor	TextBox		
FileUpload1	FileUpload		
btnOk	Button	Text	确定
btnCancel	Button	Text	取消
Label1	Label		

2）在代码文件的头部，添加操作数据库要用到的命名空间：

```
Using System.Data.SqlClient;
```

由于程序中使用了 File 及 Path 对象，还要添加 System.IO 命名空间：

```
using System.IO;
```

3）为单击"确定""取消"按钮事件编写代码，内容如下。

```
//响应单击"取消"事件，清空输入项
protected void btnCancel_Click(object sender, System.EventArgs e)
{
    txtTitle.Text = "";
    txtContent.Text = "";
    txtAuthor.Text = "";
}

//响应单击"确定"事件，保存添加的新闻
protected void btnOk_Click(object sender, System.EventArgs e)
{
    //检验用户输入是否合法
    if (txtTitle.Text == "" || txtContent.Text == "" || txtAuthor.Text == "")
    {
        Label1.Text = "标题、内容、作者等不能为空！";
        return;
    }
    if (txtTitle.Text.Length > 50)
    {
```

```
            Label1.Text = "你的标题太长了！";
            return;
        }

        //保存上传文件
        String filePath = Server.MapPath("images\\" +
Path.GetFileName(FileUpload1.PostedFile.FileName));
        if (File.Exists(filePath))
        {
            Response.Write("<script language=javascript> alert('上传文件重名，请改名后再上
传！');</script> ");
            return;
        }
        else
        {
            if (FileUpload1.HasFile)
            {
                FileUpload1.PostedFile.SaveAs(filePath);
            }
            //更新数据库，保存新闻信息
            String sql;

            sql = "insert into news(title,content,Author,img,NewsTime,click)
values(@title,@content,@Author,@img,@NewsTime,@click)";
            Hashtable ht = new Hashtable();

            ht.Add("title", txtTitle.Text);
            ht.Add("content", txtContent.Text);
            ht.Add("Author", txtAuthor.Text);
            ht.Add("img", Path.GetFileName(FileUpload1.PostedFile.FileName));
            ht.Add("NewsTime", DateTime.Now.ToString());
            ht.Add("click", "0");
            DBHelper.execSql(sql, ht);

            Response.Redirect("default.aspx");
        }

    }
```

程序说明：

filePath=Server.MapPath("image\\"+Path.GetFileName(FileUpload1.PostedFile.FileName))；语句动态构建了上传文件在服务器的存放路径与文件名。其中：

1）FileUpload1.PostedFile.FileName 为上传的文件名（含路径）。

2）Path.GetFileName( )方法取得上传的文件名（不含路径）。

3）"image\\"+Path.GetFileName(FileUpload1.PostedFile.FileName)构成了上传文件新的文件名与路径，文件存放于当前文件夹下的 image 目录中。

4）Server.MapPath( )方法由相对路径取得绝对路径。

10.1.6　新闻列表页面

1．模块设计

功能：用分页的方式显示所有新闻，允许设定条件查找；单击新闻标题，应能弹出显示新闻窗口。

输入：无。

输出：无。

界面设计：参考图 10-5。

主要逻辑：

1）这个页面没有采用 GridView 的内置分页，而是采用自定义分页，利用 Paged DataSource 类来设置要求显示的页次与每页的行数，并绑定到 GridView 控件显示出来。

2）这个页面功能比较复杂，关键是要对模块功能进行细致分析，从各事件中的共性的元素中归纳出一个函数 BindToPage，该函数的声明如下。

```
//功能：绑定到指定页
//参数pageNum--要绑定的页码,从1开始
void BindToPage(int pageNum)
```

有了该函数，各事件的代码就相当简单，基本上只要做两件事：

● 确定当前要显示的页数。

● 调用 BindToPage 用 GridView 显示相应页。

2．实现步骤

1）向项目添加一个 NewsList.aspx 页面，页面设计如图 10-11 所示。

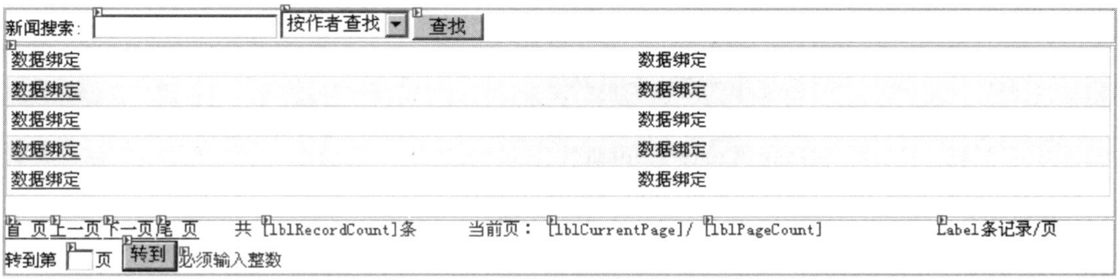

图 10-11　NewsList.aspx 页面设计

各控件的设置见表 10-4。

表 10-4 NewsList.aspx 页面控件设置

控 件 ID	控 件 类 型	属 性 名	属 性 值
	HTML 表格	行列	3 行 1 列
		align	center
		border	0
DropDownList1	DropDownList	Items	value=Author Text=按作者查找
		Items	value=Title Text=按主题查找
		Items	value=Content Text=按内容查找
dg	GridView		
btnFind	Button	Text	查找
btnFirst	LinkButton	Text	首页
		CommandArgument	First
btnPrev	LinkButton	Text	上一页
		CommandArgument	Prev
btnNext	LinkButton	Text	下一页
		CommandArgument	Next
btnLast	LinkButton	Text	尾页
		CommandArgument	Last
lblCurrentPage	Label		
lblPageCount	Label		
lblRecordCount	Label		
lblPageSize	Label		
txtIndex	TextBox		
txtFind	TextBox		
CompareValidator1	CompareValidator	ControlToValidate	txtIndex
		Operator	DataTypeCheck
		Text	必须输入整数
btnGo	Button	Text	转到

其中 GridView 的详细设置如下。

```
<asp:GridView ID="dg" runat="server" AutoGenerateColumns="False" ShowHeader="False"
Width="100%" OnRowDataBound="dg_RowDataBound">
        <Columns>
            <asp:TemplateField>
                <ItemTemplate>
<a href="#" onclick=openWin(<%# Eval("id") %>)      >    <%# Eval("Title") %></a>
                </ItemTemplate>
                <ItemStyle Width="260px" />
            </asp:TemplateField>
            <asp:BoundField DataField="NewsTime">
                <ItemStyle Width="150px" />
            </asp:BoundField>
        </Columns>
        <AlternatingRowStyle BackColor="#E0E0E0" />
</asp:GridView>
```

2）为事件编写代码，建议按如下顺序进行，以便于边写边进行调试：

> BindToPage。
> Page_Load。
> btnGo_Click。单击转到按钮。
> btnFind_Click。单击查找按钮。
> doNavigate。单击上一页、下一页、首页、尾页。
> GridView 的 RowDataBound 事件。

代码内容如下。

```
protected void Page_Load(object sender, System.EventArgs e)
{
    if (!IsPostBack)
    {
        //新建数据源SQL
        MakeSql();
        //绑定到第1页
        BindToPage(1);
    }

}
//生成数据源SQL与记录条数SQL
//数据源SQL放在ViewState["sql"]中
void MakeSql()
{
    string findText;
    findText = txtFind.Text;

    string sql = "";
    if (findText == "")
    {
    sql    = "select * from News ";
    }
    else
    {
        sql = "select * from News where " + DropDownList1.SelectedItem.Value + "   like
'%" + findText + "%'";
    }
        ViewState["sql"] = sql + "   order by NewsTime desc";

}
//绑定到指定页,pageNum--要绑定页码,从1开始
void BindToPage(int pageNum)
{

    PagedDataSource pds = new PagedDataSource();
    //设置分页对象的数据源
    pds.DataSource = DBHelper.GetTable(ViewState["sql"].ToString()).DefaultView;
    pds.AllowPaging = true; //启用分页功能
    pds.PageSize = 3; //每页3行
```

```
        pds.CurrentPageIndex = pageNum − 1;//当前页号
        dg.DataSource = pds;
        dg.DataBind();
        //设置导航
        this.lblPageCount.Text = pds.PageCount.ToString();
        this.lblPageSize.Text = pds.PageSize.ToString();
        this.lblRecordCount.Text = pds.Count.ToString();
        this.lblCurrentPage.Text = (pds.CurrentPageIndex + 1).ToString();
        this.btnNext.Enabled = !pds.IsLastPage;
        this.btnLast.Enabled = !pds.IsLastPage;
        this.btnPrev.Enabled = !pds.IsFirstPage;
        this.btnFirst.Enabled = !pds.IsFirstPage;
    }


    //单击转到按钮
    protected void btnGo_Click(object sender, System.EventArgs e)
    {
        //pageCount--总页数
        int pageCount = Int32.Parse(this.lblPageCount.Text.ToString());
        int idx = Int32.Parse(txtIndex.Text);    //idx--用户输入要转到的页数
        if ((idx >= 1) && (idx <= pageCount))
        {
            BindToPage(idx);
        }
    }
    //单击上一页、下一页、首页、尾页时导航到指定页
    protected void doNavigate(object sender, System.EventArgs e)
    {
        string arg = ((LinkButton)sender).CommandArgument;
        int pageCount = Int32.Parse(this.lblPageCount.Text.ToString());
        //pageIndex--当前页码
        int pageIndex = Int32.Parse(lblCurrentPage.Text.ToString());
        //设置最新页码
        switch (arg)
        {
            case "Next":
                if (pageIndex < pageCount)
                    pageIndex++;
                break;
            case "Prev":
                if (pageIndex > 1)
                    pageIndex--;
                break;
            case "Last":
                pageIndex = pageCount;
                break;
            case "First":
                pageIndex = 1;
                break;
```

```
        }
        BindToPage(pageIndex);
    }
    //单击查找按钮
    protected void btnFind_Click(object sender, System.EventArgs e)
    {
    MakeSql();//改变数据源 SQL
        BindToPage(1);
    }
    //使GridView行在鼠标经过时实现变色
    protected void dg_RowDataBound(object sender, GridViewRowEventArgs e)
    {
        if (e.Row.RowType == DataControlRowType.DataRow)
        {
            //鼠标进入行时,设置背景色为#6699ff
            e.Row.Attributes.Add("onmouseover", "this.style.backgroundColor='#6699ff'");
            //鼠标离开行时,恢复原来的背景色
            e.Row.Attributes.Add("onmouseout", "this.style.backgroundColor=''");
        }

    }
```

程序说明:

1)上面程序中使用了 ViewState 对象来保存数据源 SQL 与记录条数 SQL,ViewState 可以将数据编码并保存在窗体的隐藏域里,通常用于在往返过程期间保持网页上的数据,ViewState 对象的有效范围为当前这个网页,ViewState 对象的赋值:

　　ViewState["sql"]="select * from News ";

　　ViewState 对象的读取:

　　String sql= ViewState["sql"].ToString();

2)函数 private void doNavigate(object sender, System.EventArgs e)要"挂"到上一页、下一页、首页、尾页按钮的 Click 事件上,如图 10-12 所示。在 doNavigate( )函数中根据按钮的 CommandArgumen 属性来判断被单击的是哪一个按钮。

图 10-12　设置"上一页"按钮 Click 事件的响应函数为 doNavigate

10.1.7　管理新闻页面

1. 模块设计

功能:显示新闻列表,要求能够分页,能方便地浏览;允许删除;单击新闻标题,能链接到新闻修改页面。

输入:无。

输出:无。

界面设计:参考图 10-7。

主要逻辑:"管理新闻"与"新闻列表"大部分功能相似,主要区别在两个地方:一是单击新闻标题链接，应链接到"修改新闻"页面而不是"显示新闻"页面；二是要能够删除，删除时要判断是否是最后一页的最后一行，并作出相应的处理。

2. 实现步骤

1）向项目添加一个 manageNews.aspx 页面，页面设计如图 10-13 所示。

图 10-13　manageNews.aspx 页面设计

各控件的设置见表 10-5。

表 10-5　manageNews.aspx 页面控件设置

控 件 ID	控 件 类 型	属 性 名	属 性 值
	HTML 表格	行列	3 行 1 列
		align	center
		border	0
DropDownList1	DropDownList	Items	value=Author Text=按作者查找
		Items	value=Title Text=按主题查找
		Items	value=Content Text=按内容查找
dg	GridView		
btnFind	Button	Text	查找
btnFirst	LinkButton	Text	首页
		CommandArgument	First
btnPrev	LinkButton	Text	上一页
		CommandArgument	Prev
btnNext	LinkButton	Text	下一页
		CommandArgument	Next
btnLast	LinkButton	Text	尾页
		CommandArgument	Last
lblCurrentPage	Label		
lblPageCount	Label		
lblRecordCount	Label		
lblPageSize	Label		
txtIndex	TextBox		
txtFind	TextBox		
CompareValidator1	CompareValidator	ControlToValidate	txtIndex
		Operator	DataTypeCheck
		Text	必须输入整数
btnGo	Button	Text	转到

其中 GridView 的详细设置如下：

```
        <asp:GridView ID="dg" runat="server" AutoGenerateColumns="False"
ShowHeader="False"
                            DataKeyNames="ID" OnRowDeleting="dg_RowDeleting"
Width="100%" OnRowCreated="dg_RowCreated"
                            Font-Size="9pt">
                            <Columns>
                                <asp:TemplateField>
                                    <ItemTemplate>
                                        <a href="UpdateNews.aspx?id=<%# Eval("id") %>">
                                            <%# Eval("Title") %>
                                        </a>
                                    </ItemTemplate>
                                    <ItemStyle Width="260px" />
                                </asp:TemplateField>
                                <asp:BoundField DataField="NewsTime">
                                    <ItemStyle Width="150px" />
                                </asp:BoundField>
        <asp:ButtonField Text="删除" CommandName="Delete" ButtonType="Button">
                                    <ItemStyle Width="80px" />
                                </asp:ButtonField>
                            </Columns>
                            <AlternatingRowStyle BackColor="#E0E0E0" />
                        </asp:GridView>
```

2）为各事件编写代码，建议按如下顺序进行，以便于边写边进行调试：

① BindToPage。

② Page_Load。

③ btnGo_Click。单击转到按钮。

④ btnFind_Click。单击查找按钮。

⑤ doNavigate。单击上一页、下一页、首页、尾页。

⑥ dg_DeleteCommand。响应单击"删除"事件。

代码内容如下：

```
    protected void Page_Load(object sender, System.EventArgs e)
    {
        if (!IsPostBack)
        {
            //新建数据源SQL
            MakeSql();
            //绑定到第页
            BindToPage(1);
        }

    }
    //生成数据源SQL与记录条数SQL，
    //数据源SQL放在ViewState["sql"]中
    void MakeSql()
    {
        string findText;
```

```
                    findText = txtFind.Text;
                    if (findText == "")
                    {
                ViewState["sql"] = "select * from News ";

                    }
                    else
                    {
                        ViewState["sql"] = "select * from News where " + DropDownList1.
SelectedItem.Value + "   like '%" + findText + "%'";
                    }

            }
            //绑定到指定页,pageNum--要绑定页码,从开始
            void BindToPage(int pageNum)
            {

                    PagedDataSource pds = new PagedDataSource( );
                    //设置分页对象的数据源
                    pds.DataSource = DBHelper.execDataSet(ViewState["sql"]. ToString()). Tables[0].
DefaultView;

                    pds.AllowPaging = true; //启用分页功能
                    pds.PageSize = 3; //每页行
                    pds.CurrentPageIndex = pageNum − 1; //当前页号
                    dg.DataSource = pds;
                    dg.DataBind( );

                    //设置导航
                    this.lblPageCount.Text = pds.PageCount.ToString( );
                    this.lblPageSize.Text = pds.PageSize.ToString( );
                    this.lblRecordCount.Text = pds.Count.ToString( );
                    this.lblCurrentPage.Text = (pds.CurrentPageIndex + 1).ToString( );
                    this.btnNext.Enabled = !pds.IsLastPage;
                    this.btnLast.Enabled = !pds.IsLastPage;
                    this.btnPrev.Enabled = !pds.IsFirstPage;
                    this.btnFirst.Enabled = !pds.IsFirstPage;
            }

            //单击转到按钮
            protected void btnGo_Click(object sender, System.EventArgs e)
            {
                    //pageCount--总页数
                    int pageCount = Int32.Parse(this.lblPageCount.Text.ToString( ));
                    int idx = Int32.Parse(txtIndex.Text);   //idx--用户输入要转到的页数
                    if ((idx >= 1) && (idx <= pageCount))
                    {
                        BindToPage(idx);
                    }
            }
```

```
//单击上一页、下一页、首页、尾页时导航到指定页
protected void doNavigate(object sender, System.EventArgs e)
{
    string arg = ((LinkButton)sender).CommandArgument;
    int pageCount = Int32.Parse(this.lblPageCount.Text.ToString());
    //pageIndex--当前页码
    int pageIndex = Int32.Parse(lblCurrentPage.Text.ToString());
    //设置最新页码
    switch (arg)
    {
        case "Next":
            if (pageIndex < pageCount)
                pageIndex++;
            break;
        case "Prev":
            if (pageIndex > 1)
                pageIndex--;
            break;
        case "Last":
            pageIndex = pageCount;
            break;
        case "First":
            pageIndex = 1;
            break;
    }
    BindToPage(pageIndex);
}
//单击查找按钮
protected void btnFind_Click(object sender, System.EventArgs e)
{
    MakeSql();//改变数据源SQL
    BindToPage(1);
}
//响应单击"删除"事件，删除相应记录
protected void dg_RowDeleting(object sender, GridViewDeleteEventArgs e)
{
    //删除相应记录
    string sqlStr = String.Format("DELETE from News where id = {0}",
dg.DataKeys[e.RowIndex].Value.ToString());
    DBHelper.execSql(sqlStr);
    //计算新的当前页
    int pageCount = Int32.Parse(this.lblPageCount.Text.ToString());
    int currentPage = Int32.Parse(this.lblCurrentPage.Text.ToString());
    int idx;  //新的当前页
    if ((currentPage == pageCount) && (dg.Rows.Count == 1))
    {
        //如果删除行为当前页的最后一行
        idx = (currentPage - 1 >= 1) ? currentPage - 1 : 1;
    }
```

```
        else
            idx = currentPage;
        //绑定到新的当前页
        BindToPage(idx);

    }
    protected void dg_RowCreated(object sender, GridViewRowEventArgs e)
    {
        if (e.Row.RowType == DataControlRowType.DataRow)
        {
            Button btn = e.Row.Cells[2].Controls[0] as Button;
            btn.OnClientClick = "if (confirm('真的要删除吗?') == false) return false;";
        }
    }
}
```

10.1.8 修改新闻页面

1. 模块设计

功能：修改给定新闻的内容。

输入：新闻 ID。

输出：无。

界面设计：参考图 10-8。

主要逻辑：

1）在 Page_Load 事件中，根据新闻 ID 把相应新闻内容显示在窗体上。

2）在单击"确定"事件中，把信息的修改更新至 News 表，并转到新闻管理页面。

2. 实现步骤

1）向项目添加一个 UpdateNews.aspx 页面，页面设计如图 10-14 所示。

各控件的设置见表 10-6。

图 10-14　UpdateNews.aspx 页面设计

表 10-6　UpdateNews.aspx 页面控件设置

控 件 ID	控 件 类 型	属 性 名	属 性 值
	HTML 表格	行列	5 行 2 列
		align	center
		border	0
		合并相应的单元格	
txtTitle	TextBox		
txtAuthor	TextBox		
txtContent	TextBox	TextMode	MultiLine
btnOk	Button	Text	确定

2）为各事件编写代码，内容如下。

```
string newsID; //新闻编号
protected void Page_Load(Object sender, EventArgs e)
{
```

```
        //取得要修改的新闻编号
        newsID = Request.Params["id"];
        if (!IsPostBack)
        {
            //从数据库取得新闻内容
            DataTable dt = DBHelper.GetTable("select *  from  news where id= " + newsID);
            //显示新闻内容
            txtTitle.Text =dt.Rows[0]["Title"].ToString();
            txtContent.Text = dt.Rows[0]["Content"].ToString();
            txtAuthor.Text = dt.Rows[0]["Author"].ToString();
        }

    }
    //响应单击"确定"事件，把信息修改更新至数据库
    public void btnOk_Click(object Source, EventArgs e)
    {
        DBHelper.execSql("UPDATE   News set Title='" + txtTitle.Text + "', Content='" +
txtContent.Text + "',Author='" + txtAuthor.Text + "' WHERE id=" + newsID);
        Response.Redirect("ManageNews.aspx");
    }
```

10.2 网上书店系统

10.2.1 系统概述

网络技术的飞速发展，极大地影响了商业交易中传统的交易方式和流通方式。随着书店业务量的不断扩大，书店的规模也不断扩大，迫切需要建立相应的网上书店。利用电子商务的优势同现有销售模式和流通渠道相结合，扩大了消费市场，为书店的再发展带来了新的商机，也为各地消费者提供便利，而且降低了商业成本。

本系统主要实现了网上书店的购物功能，包括浏览图书、购物车、下订单、查看订单等模块。

10.2.2 购物流程

系统购物流程如图 10-15 所示，顾客可以浏览商品目录，进行商品查询并浏览商品详细信息，找到要购买的商品，然后将选定的商品放入购物车。购物车是一个商品的临时存放地，

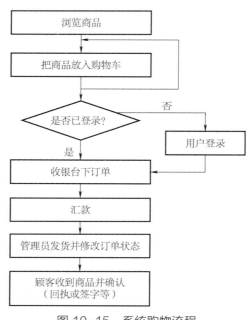

图 10-15　系统购物流程

185

顾客可以对购物车进行管理，如删除或修改其中的商品。顾客完全选定了要购买的商品后，就可以进入收银台向系统下订单，这时如果未登录，则转向登录页面，登录成功后自动进入收银台，填写发货地址，确认订单后，前台的顾客操作流程就结束了。然后顾客汇款完成支付操作，管理员收到货款后发货，顾客收货确认完成一次交易过程。

10.2.3 数据库设计

网上书店系统数据库主要包括用户表、图书表、订单表、订单明细表，各表的设计如图 10-16、图 10-17、图 10-18、图 10-19 所示。

表 - dbo.Users

列名	数据类型	允许空
UserID	int	☐
UserName	nvarchar(50)	☐
Sex	nvarchar(2)	☑
Password	nvarchar(50)	☑
RealName	nvarchar(50)	☑
Email	nvarchar(50)	☑
Question	nvarchar(100)	☑
Answer	nvarchar(50)	☑
address	nvarchar(50)	☑
postcode	nvarchar(50)	☑
tel	nvarchar(50)	☑
		☐

图 10-16　用户表（users）

表 - dbo.books

列名	数据类型	允许空
bookID	int	☐
ISBN	varchar(50)	☑
bookName	varchar(50)	☑
bookImage	varchar(50)	☑
categoryID	int	☑
author	varchar(50)	☑
price	money	☑
description	varchar(200)	☑
		☐

图 10-17　图书表（books）

表 - dbo.orders

列名	数据类型	允许空
orderID	int	☐
username	varchar(15)	☐
RealName	varchar(15)	☐
postcode	varchar(10)	☐
address	varchar(50)	☐
tel	varchar(20)	☐
memo	varchar(200)	☑
totalPrice	decimal(18, 2)	☐
isPay	char(1)	☐
isDeliver	char(1)	☐
orderDate	datetime	☐
		☐

图 10-18　订单表（orders）

表 - dbo.orderDetail

列名	数据类型	允许空
orderDetailID	int	☐
orderID	int	☐
bookID	int	☐
quantity	int	☐
price	decimal(18, 2)	☐

图 10-19　订单明细表（orderDetail）

10.2.4 公用文件

1. Common 类

在程序中，经常需要用 Javascript 弹出提示框，或者运行一段 Javascript 代码，为了方便使用 Javascript，把对 Javascript 的使用封装成 Common 类中的两个函数。Common 类对应的文件为 Common.cs，其主要代码如下：

```
public class Common
{
    //运行Javascript语句
    public static void runScript(string msg)
    {
      HttpContext.Current.Response.Write("<script>" + msg + "</script> ");
    }
```

```
        //显示Javascript提示信息
        public static void showMessage(Page page,string msg)
        {
                page.ClientScript.RegisterClientScriptBlock(page.GetType( ), "message", "
<script>alert('" + msg + "'); </script>");
        }
}
```

说明：showMessage 方法中，没有用 Response.Write( )来输出 Javascript 的提示框，因为这样在弹出 Javascript 提示框后，会对使用样式的页面布局产生破坏。

2．购物车类

人们到商场去购买商品时，总得先将想买的商品从货架上取下来，放到购货车中，然后集中起来一起算账、付款。网上商店模拟这个购物过程，先让客户从不同的网页中选取商品，并将这些商品集中到"购货车"中一起算账，最后生成完整的订单。网上购货车不同于实际的购货车，它是一种虚拟结构，称为"虚拟购货车"。购物车类 ShopCart 模仿实际购物中的行为，提供了向购物车加入图书、从购物车移去图书、修改购买的图书数量以及下订单等功能。

```
using System;
using System.Data;
using System.Data.SqlClient;
using System.Configuration;
using System.Collections;
public class ShopCart
{
    private DataTable dt;
    public ShopCart( )
    {
        dt = new DataTable( );
        dt.Columns.Add(new DataColumn("bookID", typeof(int)));
        dt.Columns.Add(new DataColumn("price", typeof(double)));
        dt.Columns.Add(new DataColumn("author", typeof(string)));
        dt.Columns.Add(new DataColumn("bookName", typeof(string)));
        dt.Columns.Add(new DataColumn("quantity", typeof(int)));
    }
    //功能:向购物车增加一本书
    //bookID:图书编号
    public void Add(int bookID)
    {
        DataView dv = new DataView(dt);
        dv.Sort = "bookID";      //按图书编号排序
        int n = dv.Find(bookID);   // 查找图书编号为bookID所在行
        if (n < 0)     //购物车中无图书编号为bookID,在购物车中增加一条记录
        {
            DataRow dr = dt.NewRow( );
            dr["bookID"] = bookID;

            string sql = "select * from books where bookid=@bookID";
```

```
                Hashtable ht = new Hashtable( );
                ht.Add("bookID", bookID);
                DataTable dtBook = DBHelper.GetTable(sql, ht);
                dr["price"] = dtBook.Rows[0]["price"];
                dr["author"] = dtBook.Rows[0]["author"];
                dr["bookName"] = dtBook.Rows[0]["bookName"];
                dr["quantity"] = 1;

                dt.Rows.Add(dr);

            }
            else   //n>0   购物车已有该书,该书数量加1
            {

                dv[n]["quantity"] = (int)dv[n]["quantity"] + 1;
            }
            // dv.Sort = null;

        }
        //bookID:图书编号
        //qty:图书数量
        //功能:更新购物车中图书的数量
        public void Update(int bookID, int qty)
        {
            if (qty == 0)
            {
                Remove(bookID);
            }
            else
            {
                DataView dv = new DataView(dt);
                dv.Sort = "bookID";
                int n = dv.Find(bookID);
                dv[n]["quantity"] = qty;
            }
        }
        //bookID:图书编号
        //功能:从购物车中移除某本书
        public void Remove(int bookID)
        {
            DataView dv = new DataView(dt);
            dv.Sort = "bookID";
            int n = dv.Find(bookID);
            dv.Delete(n);
        }

        //参数: UserName:用户名; RealName:真实名; postcode:邮编; address:地址; tel:电话;
memo:备注
        //功能: 下订单,把购物车信息与发货地址写到订单表与订单明细表
```

```
        public int payorder(string UserName, string RealName, string postcode, string address,
string tel, string memo)
        {
                int orderID;

                SqlConnection conn = new SqlConnection(System.Configuration.ConfigurationSettings.
AppSettings["Db"]);

                //写订单表
                SqlCommand cmd = new SqlCommand("INSERT INTO
orders(userName,RealName,postcode,address,tel,memo,totalPrice,isPay,isDeliver,orderDate)
VALUES(@userName,@RealName,@postcode,@address,@tel,@memo,@totalPrice,@isPay,@is
Deliver,@orderDate)", conn);
                conn.Open();
                SqlTransaction objTrans = conn.BeginTransaction();   //开始事务
                cmd.Transaction = objTrans;
                try
                {
                    cmd.Parameters.Add("@userName", SqlDbType.NVarChar, 15).Value = UserName;
                    cmd.Parameters.Add("@RealName", SqlDbType.NVarChar, 15).Value = RealName;
                    cmd.Parameters.Add("@postcode", SqlDbType.NVarChar, 10).Value = postcode;
                    cmd.Parameters.Add("@address", SqlDbType.NVarChar, 50).Value = address;
                    cmd.Parameters.Add("@tel", SqlDbType.NVarChar, 20).Value = tel;
                    cmd.Parameters.Add("@memo", SqlDbType.NVarChar, 200).Value = memo;
                    cmd.Parameters.Add("@totalPrice", SqlDbType.Decimal).Value = getTotalprice();
                    cmd.Parameters.Add("@isPay", SqlDbType.Char, 1).Value = "0";
                    cmd.Parameters.Add("@isDeliver", SqlDbType.Char, 1).Value = "0";
                    cmd.Parameters.Add("@orderDate", SqlDbType.DateTime).Value =
DateTime.Now.ToLongTimeString();
                    cmd.ExecuteNonQuery();
                    //写订单明细表
                    cmd.CommandText = "select max(orderID) as orderID   from orders";
                    orderID = (int)cmd.ExecuteScalar();
                    cmd.CommandText = "INSERT INTO orderDetail( orderID,   bookID,   quantity,
price) values(@orderID,   @bookID,   @quantity,   @price)";
                    cmd.Parameters.Add("@orderID", SqlDbType.Int);
                    cmd.Parameters.Add("@bookID", SqlDbType.Int);
                    cmd.Parameters.Add("@quantity", SqlDbType.Int);
                    cmd.Parameters.Add("@price", SqlDbType.Decimal);
                    foreach (DataRow dr in dt.Rows)
                    {
                        cmd.Parameters["@orderID"].Value = orderID;
                        cmd.Parameters["@bookID"].Value = (int)dr["bookID"];
                        cmd.Parameters["@quantity"].Value = (int)dr["quantity"];
                        cmd.Parameters["@price"].Value = (double)dr["price"];
                        cmd.ExecuteNonQuery();
                    }
                    objTrans.Commit();   //提交事务
                    return orderID;
```

```
        }

        catch (Exception ex)
        {
            objTrans.Rollback();    //回滚事务
            return −1;
        }

        finally
        {
            conn.Close();
        }

    }
    //功能:返回购物车中图书列表
    public DataTable ShowCart()
    {
        return dt;
    }
    //功能:取得购物车中所有图书的总价格
    public double getTotalprice()
    {
        double total = 0;
        foreach (DataRow dr in dt.Rows)
        {
            total = total + (double)dr["price"] * (int)dr["quantity"];

        }
        return total;
    }
    //功能:取得购物车中不同图书的数量
    public int getTotalCount()
    {
        return dt.Rows.Count;
    }
    //功能:清空购物车
    public void clear()
    {
        dt.Clear();
    }
}
```

10.2.5　首页

网上书店首页 Default.aspx 如图 10-20 所示，用户可以浏览图书基本信息，如果对某本书感兴趣，可以单击书名链接到图书详情，了解更为详细的情况。单击"购买"链接可以把书添加到购物车。

190

图 10-20　图书展示页面

（1）Default.aspx　在 Default.aspx 页面拖入一个 DataList，并如下设置 DataList。

```
<asp:DataList ID="DataList1" runat="server"  RepeatColumns="2"
    RepeatDirection="Horizontal" Width="100%">
  <ItemTemplate>
    <table border="0" width="300">
      <tr>
        <td width="25"></td>
        <td align="right" valign="middle" width="100">
        <a href='bookDetail.aspx?bookID=<%# Eval("bookID") %>'>
          <img border="0" height="120" width="100" alt="<%# Eval("bookName") %>"
src='images/cover/<%# Eval("bookImage") %>'></a>
        </td>
        <td valign="middle"   align="left"    width="200">
        <a href='bookDetail.aspx?bookID=<%# Eval("bookID") %>'>
          <span class="ProductListHead"><%# Eval("bookName") %></span>
          <br><br></a>
          <span class="ProductListItem"><b>价格: </b> <%# Eval( "price", "{0:c}")
%></span>
          <br><br>
          <a href='MyShopCart.aspx?bookID=<%# Eval("bookID") %>'>
          <span class="ProductListItem"><font color="#9d0000">购买
</font></span></a></td>
      </tr>
    </table>
  </ItemTemplate>
  <ItemStyle Font-Size="Medium" />
  <HeaderStyle Font-Size="Medium" />
</asp:DataList>
```

（2）Default.aspx.cs　Default.aspx.cs 主要代码如下：

```
protected void Page_Load(object sender, EventArgs e)
{
```

```
        string sql = "SELECT   top   20    * FROM books ";
        DataList1.DataSource = DBHelper.GetTable(sql);
        DataList1.DataBind( );

    }
```

10.2.6　图书详情页面

图书详情页面 BookDetail.aspx 如图 10-21 所示，用于显示一本图书的详细情况，在网址中要传入图书号 bookID。单击"购买"按钮就可以把该书放入购物车。

图 10-21　图书详情页面

（1）BookDetail.aspx　BookDetail.aspx 页面设计如下：

```
<body>
    <form id="form1" runat="server">
    <div>
    <br />
<div style="text-align:center">
<asp:FormView ID="FormView1" runat="server"  Width="80%">

  <ItemTemplate>
  <table   >
   <tr >
    <td style="width:120px;" rowspan="3" align="center"><img src='images/cover/<%#
Eval("bookImage") %>' alt="<%# Eval("bookName")%>" height="150" width="120" /></td>
      <td   width="100%" align="left">书名:  <%# Eval("bookName")%></td>
    </tr>
    <tr>
      <td   width="100%"    align="left">作者:  <%# Eval("author") %></td>
    </tr>

      <tr>
       <td    width="100%"    align="left">价格:  <%# Eval("price") %>元</td>
      </tr>
    <tr align="left" style="background-color:#BFE0FB">
      <td colspan="2"  width="100%"   align="left">简介:</td>
    </tr>
       <tr align="left">
      <td colspan="2"><%# Eval("description") %></td>
    </tr>
```

第 10 章

设
计
实
例

Chapter 1

Chapter 2

Chapter 3

Chapter 4

Chapter 5

Chapter 6

Chapter 7

Chapter 8

Chapter 9

Chapter 10

Chapter 11

```
        </table>
    </ItemTemplate>

</asp:FormView>
    <br />
    <br />
<table cellpadding="3" cellspacing="0" width="100%">

<tr>
    <td align="center" style="height: 26px">
        <asp:ImageButton ID="ImageButton1" runat="server" ImageUrl="~/images/购买_2.gif"
OnClick="ImageButton1_Click" />
    <img border="0" src="images/返回.GIF" height="20"
onclick="javascript:window.history.go(-1)" alt="返回" style="width: 56px" /></td>
    </tr>
    </table>
    </div>

    </div>
    </form>
</body>
```

（2）BookDetail.aspx.cs　BookDetail.aspx.cs 主要代码如下：

```
    protected void Page_Load(object sender, EventArgs e)
{

    if (!IsPostBack)
    {

        FormView1.DataSource = DBHelper.GetTable(" SELECT * FROM books
WHERE   bookID = " + Request["bookID"].ToString());

        FormView1.DataBind();
    }

}


//单击购买
protected void ImageButton1_Click(object sender, ImageClickEventArgs e)
{
    string bookid = Request["bookid"].ToString();
    Response.Redirect("MyShopCart.aspx?bookID=" + bookid);
}
```

10.2.7　购物车页面

购物车页面 myshopcart.aspx 如图 10-22 所示，此页面用户可以查看购买图书列表、购买图书的数量，还能删除已经选购的图书、修改选购图书的数量，也可以清空购物车，单击"去收银台"按钮可以转到结账页面。

图 10-22　购物车页面

（1）myshopcart.aspx　myshopcart.aspx 页面设计如下：

```
<body>
    <form id="form1" runat="server">

        <table width="500px" align="center">
            <tr>
                <td style="width: 100px">
<img src="images/my_car.gif" />
<br /> <br />
</td>
            </tr>
            <tr>
                <td >
```

```
        <asp:GridView ID="GridView1" runat="server" Width="100%"   HeaderStyle-BackColor
="#FFD7D7" AutoGenerateColumns="False" DataKeyNames="bookID" OnRowDeleting="GridView1_
RowDeleting" EmptyDataText="您的购物车为空!" >
        <Columns>
        <asp:HyperLinkField HeaderText="图书名称" DataNavigateUrlFields="bookID"
DataNavigateUrlFormatString="~/BookDetail.aspx?bookID={0}" DataTextField="bookName" />
        <asp:BoundField DataField="author" HeaderText="作者" >
          <ItemStyle HorizontalAlign="Center" Width="20%" />
        </asp:BoundField>
        <asp:BoundField DataField="price" HeaderText="单价" >
          <ItemStyle HorizontalAlign="Center" Width="10%" />
        </asp:BoundField>
        <asp:TemplateField HeaderText="数量">
          <ItemTemplate>
            <asp:TextBox ID="txtquantity" runat="server" Width="50px" Text='<%#
Eval("quantity") %>'></asp:TextBox>
                <asp:RegularExpressionValidator ID="RegularExpressionValidator1" runat=
"server" ControlToValidate="txtquantity" ErrorMessage="*" SetFocusOnError="true"
ValidationExpression="[0-9]{1,}"></asp:RegularExpressionValidator>
          </ItemTemplate>
          <ItemStyle HorizontalAlign="Center" Width="15%" />
        </asp:TemplateField>
        <asp:TemplateField HeaderText="小计">
```

```
            <ItemTemplate> <%# Convert.ToDecimal(Eval("quantity"))* Convert.ToDecimal
(Eval("price")) %> </ItemTemplate>
                <ItemStyle HorizontalAlign="Center" Width="10%" />
            </asp:TemplateField>
            <asp:CommandField ShowDeleteButton="True" DeleteText="移除">
                <ItemStyle HorizontalAlign="Center" Width="10%" />
            </asp:CommandField>
            </Columns>
            <HeaderStyle BackColor="#FFD7D7" />
        </asp:GridView>
        <br />
        <asp:Label ID="Label1" runat="server" Text="Label" ForeColor="Red"></asp:Label></td>
            </tr>
            <tr>
                <td >
                <br />
        <asp:Button ID="btnContinue" runat="server" Text="继续购物"
OnClick="btnContinue_Click" />  <asp:Button ID="btnClear" runat="server" Text="清
空购物车" OnClick="btnClear_Click"
            style="height: 26px" />  <asp:Button ID="btnUpdate" runat="server"
Text="更新购物车" OnClick="btnUpdate_Click" />  <asp:Button ID="btnCheckout"
runat="server" Text="去收银台" OnClick="btnCheckout_Click" /></td>
            </tr>
        </table>


    </form>
</body>
```

（2）myshopcart.aspx.cs　myshopcart.aspx.cs 主要代码如下：

```
ShopCart cart = null;
protected void Page_Load(object sender, EventArgs e)
{

        if (Session["ShopCart"] == null)
        {
            cart = new ShopCart();   //如果Session["ShopCart"] 不存在就创建购物车
        }
        else
        {
            cart = (ShopCart)Session["ShopCart"];   //如果Session["ShopCart"] 存在从
Session获取购物车
        }

        if (!Page.IsPostBack)     //如果是第一次加载页面
        {
            //如果是"添加购物车"时转到这个页面,则把bookID对应的书加入购物车
            if (Request.Params["bookID"] != null)
            {

                cart.Add(Int32.Parse(Request.Params["bookID"]));
```

195

```
                        Session["ShopCart"] = cart;
                }
                doBind( );
        }


}
//绑定购物车
void doBind( )
{
        GridView1.DataSource = cart.ShowCart( );
        GridView1.DataBind( );

        Label1.Text = "商品总价: ￥" + cart.getTotalprice( );
}
//更新购物车
protected void btnUpdate_Click(object sender, EventArgs e)
{
        doUpdate( );
        doBind( );
}
void doUpdate( )
{
        for (int i = 0; i < GridView1.Rows.Count; i++)
        {
                //根据控件ID查找控件
                TextBox txtquantity = (TextBox)GridView1.Rows[i].FindControl("txtquantity");
                int quantity = Int32.Parse(txtquantity.Text);
                int bookID = int.Parse(GridView1.DataKeys[i].Value.ToString( ));
                cart.Update(bookID, quantity);
        }
        Session["ShopCart"] = cart;
}

//去收银台
protected void btnCheckout_Click(object sender, EventArgs e)
{
        doUpdate( );          //首先确保更新购物车
        if (cart.getTotalCount( ) != 0)    //如果购物车不为空
        {
                if (Session["userName"] == null || Session["userName"].ToString( ) == "")
                {
                        Response.Redirect("login.aspx?url=pay.aspx");

                }
                else
                        Response.Redirect("pay.aspx");

                // Response.Redirect("login.aspx");
                //Common.showMessage(this.Page, "请先登录,然后下订单!");
```

```
        }
        else
        {
            Common.showMessage(this.Page, "您没有购买书籍,不能下订单!");
        }
    }
    //移除
    protected void GridView1_RowDeleting(cbject sender, GridViewDeleteEventArgs e)
    {
        int bookID = int.Parse(GridView1.DataKeys[e.RowIndex].Value.ToString( ));
        cart.Remove(bookID);
        Session["ShopCart"] = cart;
        doBind( );
    }
    //继续购物
    protected void btnContinue_Click(object sender, EventArgs e)
    {
        Response.Redirect("Default.aspx");
    }
    //清空购物车
    protected void btnClear_Click(object sender, EventArgs e)
    {
        cart.clear( );
        Session["ShopCart"] = cart;
        doBind( );
    }
```

10.2.8 收银台页面

图 10-23 收银台页面

当用户挑选好商品之后,可以把购物车中的商品形成一张订单提交给系统。除了提交要购买的图书书籍之外,还应该提交用户的电话和送货地点等信息,收银台页面 pay.aspx 如图 10-23 所示。

(1) pay.aspx   pay.aspx 页面设计如下:

```
<body>
    <form id="form1" runat="server">
    <div align="center">
      <br /><h3   align=center>您购买的图书</h3> <br />
    <asp:GridView ID="GridView1" runat="server" HeaderStyle-BackColor="#FFD7D7"
AutoGenerateColumns="False" DataKeyNames="bookID"
                              BorderStyle="Inset" Width="500px">
        <Columns>
        <asp:BoundField DataField="bookName" HeaderText="图书名称">
          <ItemStyle HorizontalAlign="Center" Width="35%" />
        </asp:BoundField>
```

```
        <asp:BoundField DataField="author" HeaderText="作者">
            <ItemStyle HorizontalAlign="Center" Width="20%" />
        </asp:BoundField>
        <asp:BoundField DataField="price" HeaderText="单价">
            <ItemStyle HorizontalAlign="Center" Width="20%" />
        </asp:BoundField>
        <asp:BoundField DataField="quantity" HeaderText="数量">
            <ItemStyle HorizontalAlign="Center" Width="20%" />
        </asp:BoundField>
        </Columns>
        <HeaderStyle BackColor="#FFD7D7" />
    </asp:GridView>

    <br /><h3  align=center>您的送货地址</h3> <br />

    <table class="table2"  cellspacing="5px"  width="500px">
        <tr>
    <td   align="right">姓名:</td>
    <td align="left">
        <asp:TextBox ID="RealName" runat="server" Width="100px"> </asp:TextBox> </td>
    </tr>
    <tr>
    <td   align="right" style="height: 28px">邮编:</td>
    <td   align="left" style="height: 28px">
        <asp:TextBox ID="postcode" runat="server" Width="100px"></asp:TextBox></td>
    </tr>
    <tr>
        <td   align="right">电话:</td>
        <td   align="left">
        <asp:TextBox ID="tel" runat="server" Width="100px"></asp:TextBox></td>
    </tr>
        <tr>
        <td   width="20%" align="right">地址:</td>
        <td align="left">
        <asp:TextBox ID="address" runat="server" Width="366px"></asp:TextBox></td>
    </tr>
        <tr>
        <td   width="20%" align="right" style="height: 60px">附言:</td>
        <td   align="left" style="height: 60px">
        <asp:TextBox ID="memo" runat="server" Width="250px" TextMode="MultiLine"
Height="60px" Rows="4"></asp:TextBox></td>
    </tr>
    </table>
        <br />
    <asp:ImageButton ID="ImageButton1" runat="server" ImageUrl="~/images/购买_2.gif"
OnClick="ImageButton1_Click" />
    </div>

    </form>
```

```
</body>
```

（2）pay.aspx.cs   pay.aspx.cs 主要代码如下：

```
protected void Page_Load(object sender, EventArgs e)
{
    if (Session["userName"] == null || Session["userName"].ToString() == "")
    {

        Common.runScript("alert('您还未登录!');window.location='Default.aspx';");
    }
    else
    {
        ShopCart cart = (ShopCart)Session["ShopCart"];
        if ((cart == null) || (cart.getTotalCount() == 0))
        {
            Common.runScript("alert('您的购物车为
空!');window.location='Default.aspx';");
        }
        else
        {
            //显示订单明细
            GridView1.DataSource = cart.ShowCart();
            GridView1.DataBind();
            //填充送货地址信息
            string UserName = Session["userName"].ToString();
            string sql = "select * from users where userName=@userName";

            Hashtable ht = new Hashtable();

            ht.Add("userName", UserName);

            DataTable dt = DBHelper.GetTable(sql, ht);

            if (dt.Rows.Count>0)
            {
                this.RealName.Text =    dt.Rows[0]["RealName"].ToString();
                this.address.Text = dt.Rows[0]["address"].ToString();
                this.postcode.Text = dt.Rows[0]["postcode"].ToString();
                this.tel.Text = dt.Rows[0]["tel"].ToString();
            }

        }
    }
}
//单击购买
protected void ImageButton1_Click(object sender, ImageClickEventArgs e)
{
    ShopCart cart = (ShopCart)Session["ShopCart"];
    string UserName = Session["userName"].ToString();
```

Chapter

1

Chapter

2

Chapter

3

Chapter

4

Chapter

5

Chapter

6

Chapter

7

Chapter

8

Chapter

9

Chapter

10

Chapter

11

```
            int    orderID=cart.payorder(UserName, this.RealName.Text, this.postcode.Text,
this.address.Text, this.tel.Text, this.memo.Text);
        if (orderID > 0)
          {
              cart.clear( );
              Common.runScript("alert('购物成功,订单号为:" + orderID.ToString( ) +
"');window.location='myOrder.aspx';");
          }
          else
              Common.runScript("alert('下订单失败! ");

      }
```

10.2.9 我的订单页面

我的订单页面 myOrder.aspx 如图 10-24 所示,该页面列出顾客自己的订单及订单执行情况。

我的订单					
订单号	客户	总价	付款	发货	下单时间
1	wjh	123.60	已付款	未发货	2014-3-2 21:29:11
2	wjh	56.00	未付款	未发货	2014-3-2 22:02:19

总计:9条 共:5页 每页:2条 当前第1/5页首页 上一页 [1] [2] [3] ... 下一页 尾页

图 10-24 我的订单页面

(1) myOrder.aspx myOrder.aspx 页面设计如下:

```
<body>
    <form id="form1" runat="server">
    <div style="text-align: center">
 <br />
<h3 align="center">我的订单</h3><br />
<asp:GridView ID="GridView1"  runat="server" Width="90%"
AutoGenerateColumns="False" DataKeyNames="orderID"     EmptyDataText="没有数据! "
PageSize="5"  >
            <Columns>
            <asp:BoundField DataField="orderID" HeaderText="订单号" SortExpression
="orderID" >
                <ItemStyle HorizontalAlign="Center" Width="10%" />
            </asp:BoundField>
            <asp:BoundField DataField="username" HeaderText="客户" SortExpression=
"username" >
                <ItemStyle HorizontalAlign="Center" Width="15%" />
            </asp:BoundField>
            <asp:BoundField DataField="totalPrice" HeaderText="总价" SortExpression=
"totalPrice" >
                <ItemStyle HorizontalAlign="Center" Width="10%" />
            </asp:BoundField>
            <asp:BoundField DataField="isPay" HeaderText="付款" SortExpression="isPay" >
                <ItemStyle HorizontalAlign="Center" Width="10%" />
```

```
                </asp:BoundField>
                <asp:BoundField DataField="isDeliver" HeaderText="发货" SortExpression=
"isDeliver" >
                    <ItemStyle HorizontalAlign="Center" Width="10%" />
                </asp:BoundField>
                <asp:BoundField DataField="orderDate" HeaderText="下单时间"
SortExpression= "orderDate" >
                    <ItemStyle HorizontalAlign="Center" Width="20%" />
                </asp:BoundField>

            </Columns>
        <PagerSettings Visible="False" />

            </asp:GridView>
            <br />
        <webdiyer:AspNetPager ID="AspNetPager1" runat="server"
NumericButtonTextFormatString="[{0}]" OnPageChanged="AspNetPager1_PageChanged"
NumericButtonCount="3" PagingButtonSpacing="10px" ShowBoxThreshold="2" Width="80%"
SubmitButtonText="转到" FirstPageText="首页" LastPageText="尾页" NextPageText="下一页"
PageSize="5" PrevPageText="上一页" ShowCustomInfoSection="Left"
ShowNavigationToolTip="True" Wrap="False" ShowInputBox="Never"   >
        </webdiyer:AspNetPager>

    </div>
        </form>
    </body>
```

（2）myOrder.aspx.cs　myOrder.aspx.cs 主要代码如下：

```
    protected void Page_Load(object sender, EventArgs e)
    {

        if (!IsPostBack)
        {
            Bind();
        }
    }

    //绑定数据
    public void Bind()
    {
        string sql = "SELECT orderID, username, totalPrice, orderDate,CASE isPay WHEN
'0' THEN '未付款' WHEN '1' THEN '已付款' END AS isPay,CASE isDeliver WHEN '0' THEN '未发货
' WHEN '1' THEN '已发货' END AS isDeliver FROM orders    WHERE userName ='" +
Session["userName"].ToString() + "'";

        PagedDataSource pds = new PagedDataSource();

        DataTable dt = DBHelper.GetTable(sql);

        pds.DataSource = dt.DefaultView;
```

```
        pds.AllowPaging = true;

        pds.PageSize = 2;

        pds.CurrentPageIndex = AspNetPager1.CurrentPageIndex - 1;

        GridView1.DataSource = pds;

        GridView1.DataBind();

        AspNetPager1.RecordCount = dt.Rows.Count;

        AspNetPager1.PageSize = pds.PageSize;

    AspNetPager1.CustomInfoHTML = "总计: " + AspNetPager1.RecordCount.ToString()
            + "条  共: "
                + AspNetPager1.PageCount.ToString() + "页  每页: "
            + AspNetPager1.PageSize.ToString()
                + "条  当前第<font color=\"red\">" +
AspNetPager1.CurrentPageIndex.ToString()
            + "</font>/"
                + AspNetPager1.PageCount.ToString() + "页";
    }

    //分页导航条的页码改变
    protected void AspNetPager1_PageChanged(object sender, EventArgs e)
    {
        Bind();
    }
```

习　题

1. 公共类中有哪几个函数，各起什么作用？使用公共类有什么好处？

2. 如何用 ViewState 来存取网页数据？

3. 为了便于设置，请把新闻发布系统中新闻列表页面的每页显示记录数改为在 Web.config 中读取，而不是直接写在程序中。

4. 新闻发布系统中新闻列表页面的 GridView 控件可以改为用 DataList 吗？如何实现？

5. 如何使用文件上传组件来上传文件？

6. 上机调试新闻发布系统、在线考试系统及网上书店系统的各个模块。

第11章
ASP.NET MVC 开发速成 Chapter

本章目标

➢ ASP.NET MVC 简介

➢ ASP.NET MVC 实现增加、删除与修改

➢ ASP.NET MVC 中使用 Ajax

➢ ASP.NET MVC 实现验证、分页与上传

11.1 ASP.NET MVC 简介

1. WebForm 方式开发的优缺点

前面章节主要介绍的是以 WebForm 方式开发的网站项目，要理解为什么学习用 ASP.NET MVC 架构开发网站项目之前，要先了解 WebForm 方式开发网站的优缺点。

WebForm 方式的优点：

● 支持事件模型开发。得益于丰富的服务器端组件，WebFrom 开发可以迅速地搭建 Web 应用。

● 使用方便，入门容易。

● 控件丰富。

WebFrom 方式的缺点：

● 封装太强，很多底层东西让初学者不是很明白。

● 入门容易，提升很难。

● 复杂的生命周期模型学习起来并不容易。

● 控制不灵活。

● ViewState 处理。

2. MVC 模式

MVC 模式是 "Model-View-Controller" 的缩写，即 "模式-视图-控制器"。MVC 模式的目的是实现一种动态的程序设计，使后续对程序的修改和扩展简化，并且使程

序某一部分的重复利用成为可能。除此之外，此模式通过对复杂度的简化，使程序结构更加直观。

MVC 把应用程序分成三个核心模块：模型、视图和控制器，它们分别担负不同的任务。这三个部分以最少的耦合协同工作，从而提高应用程序的可扩展性及可维护性。

3. ASP.NET MVC

2009 年微软在 ASP.NET3.5 基础之上推出了 ASP.NET MVC 框架，ASP.NET MVC 框架是继 ASP.NET WebForms 后的又一种开发方式，它提供了一系列优秀特性，使 ASP.NET 开发人员拥有了另一个选择。

ASP.NET MVC 模式是一种表现模式。它将 Web 应用程序分成三个主要组件：Model、View 和 Controller。

Model 主要是存储或者是处理数据的组件。 Model 其实是实现业务逻辑层对实体类相应数据库操作，如 CRUD(C：Create/R：Read/U：Update/D：Delete)。它包括数据、验证规则、数据访问和业务逻辑等应用程序信息。

View 是用户接口层组件。主要是将 Model 中的数据展示给用户。

Controller 处理用户交互，从 Model 中获取数据并将数据传给指定的 View。

4. ASP.NET MVC 优点

ASP.NET MVC 开发有以下优点：

➢ 很容易将复杂的应用分成 M、V、C 三个组件模型。通过 Model、View 和 Controller 有效地简化了复杂的架构，体现了很好的隔离原则。
➢ 因为没有使用 server-based forms，所以程序员控制得更加灵活，页面更加干净。
➢ 可以控制生成自定义的 url，对于 seo 友好的 url 更是不在话下。
➢ 强类型 View 实现，更安全、更可靠、更高效。
➢ 让 Web 开发可以专注于某一层，更利于分工配合，适用于大型架构开发。
➢ 很多企业已经使用 MVC 作为项目开发框架。

11.2　第一个 ASP.NET MVC 程序

下面通过一个简单的程序说明 ASP.NET MVC 创建以及运行过程。

步骤如下：

1）运行 VS2013。

2）单击菜单"文件"→"新建项目"命令，打开"新建项目"对话框，展开中间菜单，选择"ASP.NET MVC4 Web 应用程序"，如图 11-1 所示，单击"确定"按钮。

3）在弹出的"新 ASP.NET MVC4 项目"对话框中，模板选择"基本"，视图引擎选择"Razor"，如图 11-2 所示。

单击"确定"按钮后，系统生成项目框架，如图 11-3 所示。

图 11-1　选择 "ASP.NET MVC4 Web 应用程序"

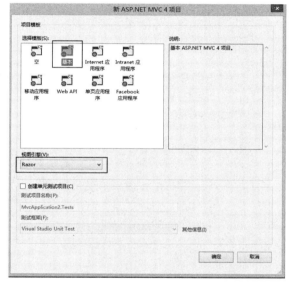

图 11-2　"新 ASP.NET MVC4 项目" 对话框

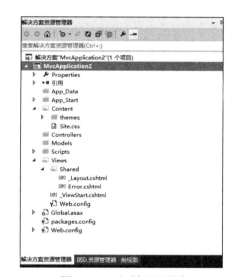

图 11-3　初始项目框架

说明：

根据 ASP.NET MVC 框架的约定，MvcApp 网站将模型、视图和控制器组件及其他内容分别存放在不同的项目目录中，以便开发者维护与管理，MvcApp 网站的目录结构如图 11-3 所示。数据库文件存放在 App_Data 文件夹中；Content 文件夹则存放静态文件，如样式文件、图片等；Scripts 文件夹则存放 JavaScript 文件，默认情况下，此文件夹包含 ASP.NET AJAX 基础文件和 jQuery 库。此外就是体现 MVC 模式的三个重要的文件夹：Controllers、Models、Views，分别存放 Controller 组件、Model 组件和 View 视图文件。

4）右键单击 "Controllers" 文件夹，在弹出菜单中选择 "添加" — "控制器"，在 "添加控制器" 对话框中输入控制器名称 NewsController，模板选 "空 MVC 控制器"，如图 11-4 所示。

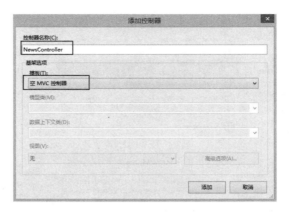

图 11-4 "添加控制器"对话框

5）单击"添加"按钮，Controllers 文件夹下生成一个 NewsController.cs 文件，内容如下：

```
namespace MvcApplication2.Controllers
{
    public class NewsController : Controller
    {
        //
        // GET: /News/

        public ActionResult Index()
        {
            return View();
        }

    }
}
```

光标定位于 Index()方法内，右击鼠标，在弹出的菜单中选择"添加视图"，在"添加视图"对话框中按默认值设置即可，如图 11-5 所示。

图 11-5 "添加视图"对话框

其中，ASP.NET MVC3 框架提供两种视图引擎以生成视图：ASPX（C#）视图引擎和 Razor（CSHTML）视图引擎，本处选择 Razor（CSHTML）视图引擎。

6）单击"添加"按钮，在项目的 Views/News 文件夹中添加了一个 Index.cshtml 文件，内容如下。

```
@{
    ViewBag.Title = "Index";
}

<h2>Index</h2>
```

把文件中的"Index"改成"我的新闻系统"，内容如下。

```
@{
```

```
        ViewBag.Title = "我的新闻系统";
    }
    <h2>我的新闻系统</h2>
```

7）按<Ctrl+F5>组合键运行，开始会显示"应用程序中的服务器错误"，因为没有设置默认首页；在浏览器地址后面加上 News/Index，最终路径为 http://localhost:60210/News/ Index，其中 60210 是系统自动分配的数字，刷新页面显示，如图 11-6 所示。

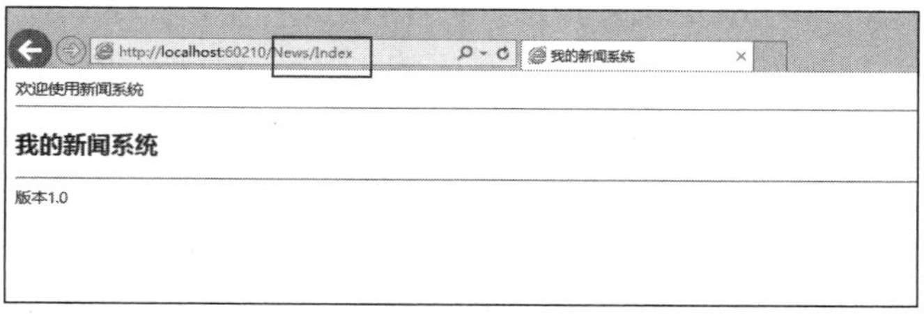

图 11-6　运行效果

8）设置首页。前面运行需要手动输入网页地址，网站一般有个默认首页，URL 只需要输入网站地址，浏览器就会显示首页。ASP.NET MVC 可以通过路由文件来设置首页。

打开 App_Start 文件夹下的 RouteConfig.cs 文件，把"Home"改为"News"，内容如下：

```
public class RouteConfig
    {
        public static void RegisterRoutes(RouteCollection routes)
        {
            routes.IgnoreRoute("{resource}.axd/{*pathInfo}");

            routes.MapRoute(
                name: "Default",
                url: "{controller}/{action}/{id}",
                defaults: new { controller = " News ", action = "Index", id =
UrlParameter.Optional }
                );
        }
```

按<Ctrl+F5>组合键运行，可以看到运行 Index 页面，不需要输入页面地址了。当然，输入 http://localhost:60210/News/Index 同样可以显示。

说明：

① 当请求一个普通的 ASP.NET 应用程序页面的时候，对于每一个页面请求都会在磁盘上有相同的一个页面，如 http://localhost/bookshop/book.aspx 对应磁盘或站点有一个 book.aspx 文件。但在 ASP.NET MVC 框架中并不是这样工作的。当一个 URL 请求到达时，该请求被路由到控制器类上，并由控制器类生成内容并发回浏览器。

本例中 URL 请求 http://localhost:60210/News/Index 并非是一个具体的文件，而是 NewsController 中的 Index()方法。当这个 URL 请求发出，系统调用 NewsController 中的 Index()方法，Index()方法内容如下：

```
public ActionResult Index( )
        {
                return View( );
        }
```

运行 return View( )，根据系统约定，系统自动跳转到 Views 下与 Controller 同名的文件夹下与方法 Index 同名的网页，即 News 文件夹下的 Index.cshtml 文件。

② RouteConfig.cs 文件用于设置路由，即 Controller 中的方法如何与 URL 对应。

比如 NewsControllerz 中方法 Index 对应的 URL：http://localhost:60210/News/Index 就是根据 RouteConfig.cs 中的设置的格式，即 url: "{controller}/{action}/{id}"，路由将 URL 的第一部分映射到控制器名，URL 的第二部分映射到控制器操作方法，第三个部分映射到一个叫作 id 的参数。

MVC 应用程序中用于路由的 URL 模式通常包括 {controller}和{action}占位符。conroller 值为控制器值，action 值为操作值。当收到请求时，会将其路由到 UrlRoutingModule 对象，然后路由到 MvcHandler HTTP 处理程序。MvcHandler HTTP 处理程序通过向 URL 中的控制器值添加后缀 Controller 以确定将处理请求的控制器的类型名称，来确定要调用的控制器。URL 中的操作值确定要调用的操作方法。

9）修改模板。如果网站许多页面有相同的部分，可以为网站设置一个模板，就如 Web Form 开发的母版页一样。网站模板文件是 Views/Shared 文件夹下的_Layout.cshtml 文件，模板内容只要修改该文件。

打开 Views/Shared 文件夹下的_Layout.cshtml 文件，内容如下。

```
<!DOCTYPE html>
<html>
<head>
    <meta charset="utf-8" />
    <meta name="viewport" content="width=device-width" />
    <title>@ViewBag.Title</title>
    @Styles.Render("~/Content/css")
    @Scripts.Render("~/bundles/modernizr")
</head>
<body>
    @RenderBody( )

    @Scripts.Render("~/bundles/jquery")
    @RenderSection("scripts", required: false)
</body>
</html>
```

修改为：
```
<!DOCTYPE html>
<html>
<head>
    <meta charset="utf-8" />
    <meta name="viewport" content="width=device-width" />
    <title>@ViewBag.Title</title>
```

```
    @Styles.Render("~/Content/css")
    @Scripts.Render("~/bundles/modernizr")
</head>
<body>

    欢迎使用新闻系统
    <hr />

    @RenderBody()

 <hr />

    版本1.0

    @Scripts.Render("~/bundles/jquery")
    @RenderSection("scripts", required: false)
</body>
</html>
```

按<Ctrl+F5>组合键运行，效果如图 11-7 所示，可以看到网页的头部与底部正是在_Layout.cshtml 文件定义的内容。_Layout.cshtml 中@RenderBody()的位置输出页面的具体内容。

图 11-7　修改模板后的运行效果

程序说明：

1）Controller 要放到 controllers 文件夹中，并且命名方式以 XxController 结尾，如本例 Controller 文件夹的 NewsController。

2）每个 Controller 都对应 View 中的一个文件夹，文件夹的名称跟 Controller 名相同，本例 NewsController 的 View 在文件夹 Views/News 中。

3）Controller 中的方法名都对应一个 View（非必须，但是建议这么做）而且 View 的名字跟 Action 的名字相同，本例 Index()方法名对应 View 为 Views/News 文件夹中的 Index.cshtml 文件。

11.3　Razor 基础语法

Razor 视图文件的扩展名为 cshtml，是一种服务器代码和 HTML 代码混写的代码模板，类似于没有后置代码的 .aspx 文件。Razor 有如下优点：代码流畅简洁；与 HTML 结合很顺畅，不需要单独处理大括号；代码高亮显示。

Razor 的基本语法如下。

1）代码体{...}

```
@{  var x=100;
    var y=100;
    string str="this is string";
}
```

在代码体中，每一行都需要用";"结束，代码区中，字母区分大小写。字符类型常量必须用""括起来。

2）由于 asp.net 引擎会解析每个以@开头的代码，除非@前包括非空白字符，如 <div>test@razor</div>

这样输出的信息还是 test@razor，不会进行解析，页面输出@符号，但可以用 HTML 中的 ASCII 编码&#64 解析。

3）在 Razor 中使用局部变量，进行上下文调用：

```
@{
var message="现在时间为:";
var time=DateTime.Now;
var outMessage=message+time;
}
<div>@outMessage </div>
```

页面输出为 "现在时间为:2011/12/14 20:26:13;"

4）字符拼接输出：

```
@{var cout=100;}
<p>这是第 @count 个进球 </p>
```

页面输出：这是第 100 个进球

如果页面要输出：这是第 100 个进球

则调用方式为：<p>这是第@{@count}个进球</p>，如果直接用<p>这是第@count 个进球</p>，页面将会直接输出：这是第@count 个进球

5）在@{...}代码体中输出文字，需要用到 "@:"，如下所示：

```
@{
    var name="张三";
    @:你好:
    @:@name
 }
```

页面输出：你好：张三

6）逻辑代码处理：

```
@{
    if(true)
```

```
    {
        // do something;
    }
    else
    {
        // do something;
    }
}
```

7）在@{...}代码体内部使用html标记：

```
@{
        <div>this is <span>test</span></div>
    }
```

页面输出：this is test

8）在@{...}内部使用注释：

```
@{
    // 单行注释
    var message = "Now Time:";

    @*
        当前时间
        输出当前时间
    *@

    /*
     * 使用 C#中的
     * 注释
     */
    var time = DateTime.Now;


    <!-- HTML 注释-->
    var outMessage = mesage + time;
}
```

11.4 ASP.NET MVC 的新闻管理

本节通过一个简单新闻管理系统来介绍 ASP.NET MVC 的基本开发方法。

11.4.1 基本功能介绍

简单新闻管理系统实现了新闻的列表显示（见图 11-8）、发布新闻（见图 11-9）、修改新闻（见图 11-10）、删除新闻（见图 11-8）、显示新闻详情(见图 11-11)的功能。

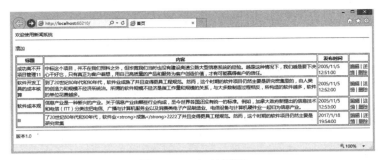

图 11-8　初始页面

图 11-9　发布新闻　　　　　　　　　　　图 11-10　修改新闻

图 11-11　显示新闻详情

11.4.2　创建程序

1）在 SQL Server 中附加本书提供的 demo_Data.mdf 文件，创建数据库 demo，新闻系统使用其中的 News 表。

2）运行 VS2013，单击菜单"文件"—"打开"—"项目/解决方案"命令打开前面创建的第一个 ASP.NET MVC 程序。

3）右键单击 Models 文件夹，单击菜单"添加"—"现有项"命令，添加数据库帮助类 DBHelper.cs、模型类 News.cs、数据库操作类 NewsDao.cs。

模型类 News.cs

```csharp
using System;
using System.Collections.Generic;
using System.ComponentModel;
using System.ComponentModel.DataAnnotations;
using System.Linq;
using System.Web;

namespace MyNews.Models
{
    public class News
    {
        public int ID { get; set; }

        public string title { get; set; }

        public string content { get; set; }

        public string img { get; set; }

        public DateTime NewsTime { get; set; }

    }
}
```

数据库操作类 NewsDao.cs

```csharp
using System;
using System.Collections;
using System.Collections.Generic;
using System.Data;
namespace MyNews.Models
{
    public class NewsDao
    {

        public List<News> GetAll()
        {

            string sql = "select *   from news ";
```

```
                    DataTable dt = DBHelper.GetTable(sql);

                    List<News> list = new List<News>();
                    foreach (DataRow row in dt.Rows)
                        list.Add(LoadEntity(row));

                    return list;
            }

            public News findByID(int id)
            {
                    string sql = "select * from news   WHERE id=@id";

                    Hashtable ht = new Hashtable();
                    ht.Add("@id", id);
                    DataTable dt = DBHelper.GetTable(sql, ht);
                    News news = LoadEntity(dt.Rows[0]);
                    return news;
            }

            public void Delete(int? id)
            {

                    string sql = "delete from   News   WHERE id=@id";

                    Hashtable ht = new Hashtable();
                    ht.Add("@id", id);

                    DBHelper.execSql(sql, ht);

            }

            public void update(News news)
            {

                    string sql = "UPDATE   News set Title=@title, Content=@Content   WHERE
id=@id";

                    Hashtable ht = new Hashtable();
                    ht.Add("@id", news.ID);
                    ht.Add("@title", news.title);
                    ht.Add("@content", news.content);

                    DBHelper.execSql(sql, ht);

            }

            public void Add(News news)
            {
```

```
                string sql = "insert into news(title,content,img,NewsTime)
values(@title,@content,@img,@NewsTime)";

                Hashtable ht = new Hashtable();
                ht.Add("@title", news.title);
                ht.Add("@content", news.content);
                ht.Add("@img", news.img);
                ht.Add("@NewsTime", System.DateTime.Now.ToString());
                DBHelper.execSql(sql, ht);
            }

            public News LoadEntity(DataRow row)
            {
                News news = new News();
                news.ID = Convert.ToInt32(row["ID"]);
                news.content = row["content"] != DBNull.Value ? row["content"].ToString() :
string.Empty;
                news.img = row["img"] != DBNull.Value ? row["img"].ToString() : string.Empty;
                news.title = row["title"] != DBNull.Value ? row["title"].ToString() : string.Empty;
                news.NewsTime = Convert.ToDateTime(row["NewsTime"]);
                return news;

            }

        }
    }
```

4）设置数据库的连接信息。打开 Web.config 文件，在 appSettings 节添加数据库连接信息，如图 11-12 所示，其中 User ID 与 Password 根据自己数据库的登录名与密码进行修改。

```
<appSettings>
  <add key="Db" value="server=(local);uid=sa;pwd=123;database=demo"/>
  <add key="webpages:Version" value="2.0.0.0" />
  <add key="webpages:Enabled" value="false" />
  <add key="PreserveLoginUrl" value="true" />
  <add key="ClientValidationEnabled" value="true" />
  <add key="UnobtrusiveJavaScriptEnabled" value="true" />
</appSettings>
```

图 11-12　Web.config 文件

11.4.3　新闻列表

创建新闻列表页面步骤如下：

1）打开 NewsController.cs。

2）修改 Index 方法。

```
public ActionResult Index()
```

```
        {
            NewsDao newsDao = new NewsDao();
            List<News> list = newsDao.GetAll();
            return View(list);
        }
```

程序说明:

语句 return View(list)跳转到 Index.cshtml 页面,并且把对象 list 传递到页面。

3)打开 Index.cshtml,修改内容如下。

```
@model    IEnumerable<MyNews.Models.News>

@{
    ViewBag.Title = "首页";
}

<p>
    @Html.ActionLink("增加", "Add")
</p>
<table border="1">
    <tr>
        <th>
            标题
        </th>
        <th>
            内容
        </th>
        <th>
            发布时间
        </th>
        <th></th>
    </tr>

@foreach (var item in Model) {
    <tr>
        <td>
            @item.title
        </td>
        <td>
            @item.content
        </td>

        <td>
            @item.NewsTime
        </td>
        <td>
            @Html.ActionLink("编辑", "Edit", new { id=item.ID }) |
            @Html.ActionLink("详情", "Details", new { id=item.ID }) |
            @Html.ActionLink("删除", "Delete", new { id=item.ID })
```

```
            </td>
        </tr>
    }

    </table>
```

程序说明:

① 页首的语句@model   IEnumerable<MyNews.Models.News>说明了传递到页面的对象类型为 IEnumerable<MyNews.Models.News>;在 NewsController 的 Index 方法,语句 return View(list)传递 list 对象到页面,而 list 的类型是 List<News>。

② 语句@foreach (var item in Model) 遍历 Model 中的对象,Model 对应于传递到页面的 list 对象

③ Html.ActionLink ( ) 创建连接,它是 HtmlHelper 帮助器提供的功能;创建视图时,许多任务是重复性任务或者要求了解特殊的 MVC 框架知识,为了应对这些情况以及使呈现 HTML 更加轻松,MVC 框架添加了帮助器类和成员。帮助器类的设计可扩展,可以添加自定义的帮助器类和成员。以下列表显示了当前可用的一些 HTML 帮助器。

- ActionLink:链接到操作方法。
- BeginForm:标记窗体的开头并链接到呈现该窗体的操作方法。
- CheckBox:呈现复选框。
- DropDownList:呈现下拉列表。
- Hidden:在窗体中嵌入隐藏域。
- ListBox:呈现列表框。
- Password:呈现用于输入密码的文本框。
- RadioButton:呈现单选按钮。
- TextArea:呈现文本区域(多行文本框)。
- TextBox:呈现文本框。

④ @Html.ActionLink("编辑", "Edit", new { id=item.ID }) 在运行时网页中生成的 Html 标记为:

```
        <a href="/News/Edit/id号  " >编辑</a>
```

⑤ @Html.ActionLink("增加", "Add")在运行时网页中生成的 Html 标记为:

```
        <a href="/News/Add " >增加</a>
```

4)运行程序,效果如图 11-8 所示。

11.4.4　删除新闻

实现删除新闻的步骤如下。

1)打开 NewsController.cs,添加 Delete 方法。

```
    public ActionResult Delete(int id)
    {
        NewsDao newsDao = new NewsDao();
        newsDao.Delete(id);
```

```
                    return RedirectToAction("Index");


                }
```

程序说明：

语句 return RedirectToAction("Index");跳转到方法 Index，Index 运行后再跳转到
Index.cshtml 显示页面。

2）运行程序，单击"删除"链接，可以看到相应记录被删除。

11.4.5　增加新闻

实现增加新闻的步骤如下：

1）打开 NewsController.cs，添加 Add 方法。

```
public ActionResult Add( )
        {


                return View( );
        }


        [HttpPost]


        public ActionResult Add(News news)
        {


                NewsDao newsDao = new NewsDao( );
                newsDao.Add(news);
                return RedirectToAction("Index");
        }
```

程序说明：

① 此处两个 Add 方法，其中方法 public
ActionResult Add( )是采用 get 方式访问 Add 方法
时有效；如果是 post 方式访问 Add，则 public
ActionResult Add(News news)有效，该语句前面的
[HttpPost]表示该方法响应 Post 方式提交的请求。

② 方法 public ActionResult Add(News news)
中 news 参数对象运行时由 View 传入；视图向控制
器传递数据时，这种方式发送的表单文本框名称必
须与数据对象的属性名称一致（大小写无关），如
<input name="title"　value=" " />其中 title 与
News 的属性 title 一致。

2）光标定位于 Add 方法内，右击鼠标，在弹
出菜单中单击"添加视图"命令，弹出"添加视图"
对话框按图 11-13 所示设置。

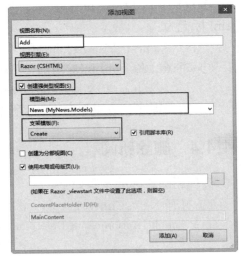

图 11-13　"添加视图"对话框

第 11 章 ASP.NET MVC 开发速成

Chapter 1
Chapter 2
Chapter 3
Chapter 4
Chapter 5
Chapter 6
Chapter 7
Chapter 8
Chapter 9
Chapter 10
Chapter 11

3）单击"添加"按钮，在 Views/News 文件夹下增加了一个 Add.cshtml 文件，内容如下。

```
@model MyNews.Models.News

@{
    ViewBag.Title = "Add";
}

<h2>Add</h2>

@using (Html.BeginForm()) {
    @Html.AntiForgeryToken()
    @Html.ValidationSummary(true)
    <fieldset>
        <legend>News</legend>

        <div class="editor-label">
            @Html.LabelFor(model => model.title)
        </div>
        <div class="editor-field">
            @Html.EditorFor(model => model.title)
            @Html.ValidationMessageFor(model => model.title)
        </div>

        <div class="editor-label">
            @Html.LabelFor(model => model.content)
        </div>
        <div class="editor-field">
            @Html.EditorFor(model => model.content)
            @Html.ValidationMessageFor(model => model.content)
        </div>

        <div class="editor-label">
            @Html.LabelFor(model => model.img)
        </div>
        <div class="editor-field">
            @Html.EditorFor(model => model.img)
            @Html.ValidationMessageFor(model => model.img)
        </div>

        <div class="editor-label">
            @Html.LabelFor(model => model.NewsTime)
        </div>
        <div class="editor-field">
            @Html.EditorFor(model => model.NewsTime)
            @Html.ValidationMessageFor(model => model.NewsTime)
        </div>
```

```
        <p>
            <input type="submit" value="Create" />
        </p>
    </fieldset>
}

<div>
    @Html.ActionLink("Back to List", "Index")
</div>

@section Scripts {
    @Scripts.Render("~/bundles/jqueryval")
}
```

程序说明:

① 语句 @using (Html.BeginForm( )) 在网页生成的代码为:

<form action="/News/Add" method="post">;由于是 post 提交,所以响应请求的方法是 public ActionResult Add(News news)。

② 语句 @using (Html.BeginForm( ))也可以直接写成 html 语法<form action="/News/Add" method="post">,不过相对来说会有些不便,系统的 HtmlHelper 提供了一些额外的好处,因此建议采用 HtmlHelper 提供的功能。

③ @Html.ValidationSummary(true) 、 @Html.ValidationMessageFor(model => model.img)、@section Scripts { @Scripts.Render("~/bundles/jqueryval")}都是实现与验证功能相关,在数据验证中会用到。

4)运行程序,在页面单击"增加"链接,跳转到增加页面,在增加页面可以发布新闻。

11.4.6 修改新闻

实现修改新闻的步骤如下。

1)打开 NewsController.cs,添加 Edit 方法。

```
public ActionResult Edit(int id)
    {

        NewsDao newsDao = new NewsDao( );
        News news = newsDao.findByID(id);
        return View(news);
    }

    // POST: /News/Edit/5
    [HttpPost]
    public object Edit(News news)
    {

        NewsDao newsDao = new NewsDao( );
        newsDao.update(news);
        return RedirectToAction("Index");
```

　　2）光标定位于 Edit 方法内，右击鼠标，在弹出菜单中单击"添加视图"命令，弹出"添加视图"对话框按图 11-14 所示设置。

　　3）单击"添加"按钮，在 Views/News 文件夹下增加了一个 Edit.cshtml 文件，内容如下。

```
@model MyNews.Models.News

@{
    ViewBag.Title = "Edit";
}

<h2>Edit</h2>

@using (Html.BeginForm()) {
    @Html.AntiForgeryToken()
    @Html.ValidationSummary(true)

    <fieldset>
        <legend>News</legend>

        @Html.HiddenFor(model => model.ID)

        <div class="editor-label">
            @Html.LabelFor(model => model.title)
        </div>
        <div class="editor-field">
            @Html.EditorFor(model => model.title)
            @Html.ValidationMessageFor(model => model.title)
        </div>

        <div class="editor-label">
            @Html.LabelFor(model => model.content)
        </div>
        <div class="editor-field">
            @Html.EditorFor(model => model.content)
            @Html.ValidationMessageFor(model => model.content)
        </div>

        <div class="editor-label">
            @Html.LabelFor(model => model.img)
        </div>
        <div class="editor-field">
            @Html.EditorFor(model => model.img)
            @Html.ValidationMessageFor(model => model.img)
        </div>
```

图 11-14 "添加视图"对话框

```
    <div class="editor-label">
        @Html.LabelFor(model => model.NewsTime)
    </div>
    <div class="editor-field">
        @Html.EditorFor(model => model.NewsTime)
        @Html.ValidationMessageFor(model => model.NewsTime)
    </div>

    <p>
        <input type="submit" value="Save" />
    </p>
    </fieldset>
}

<div>
    @Html.ActionLink("Back to List", "Index")
</div>

@section Scripts {
    @Scripts.Render("~/bundles/jqueryval")
}
```

4）运行程序，在页面单击"编辑"链接，跳转到相应记录的编辑页面，在编辑页面可以实现对信息的修改。

11.5 数据验证

在信息系统一般要对输入数据进行验证，防止输入非法数据，ASP.NET MVC 提供了快速实现验证的方法。

实现验证的步骤如下：

1）打开前面实现了基本功能的新闻系统项目。

2）打开 News.cs，修改如下。

```
using System;
using System.Collections.Generic;
using System.ComponentModel;
using System.ComponentModel.DataAnnotations;
using System.Linq;
using System.Web;

namespace MyNews.Models
{
    public class News
    {
        public int ID { get; set; }
        [Required( )]
        [DisplayName("标题")]
        public string title { get; set; }
```

第11章 ASP·NET MVC开发速成

Chapter 1
Chapter 2
Chapter 3
Chapter 4
Chapter 5
Chapter 6
Chapter 7
Chapter 8
Chapter 9
Chapter 10
Chapter 11

```
[StringLength(100, ErrorMessage = "名字的长度必须小于100")]
[DisplayName("内容")]
public string content { get; set; }
public DateTime NewsTime { get; set; }
public string img { get; set; }


    }
}
```

程序说明：

只要在实体类设置好各种注解，在 View 中 HtmlHelper 会自动解析实现验证功能。在 View 中@Html.ValidationSummary(true)、@Html.ValidationMessageFor(model => model.img) 配合实现验证功能，要实现验证，View 中的语句 @section Scripts {   @Scripts.Render("~/bundles/jqueryval")}必须有。

3）打开 NewsController.cs，修改 [HttpPost]的 Add 方法如下。

```
[HttpPost]
public ActionResult Add(News news)
{

    if (ModelState.IsValid)
    {
        NewsDao newsDao = new NewsDao( );
        newsDao.Add(news);
        return RedirectToAction("Index");
    }

    return View(news);

}
```

4）运行程序，观察到标题、内容标签已经显示在 News.cs 中设置的汉字；在页面单击"增加"链接，标题如果为空，会给出错误提示；内容超过 100 个字，会给出错误提示，并且阻止提交。

效果如图 11-15 所示。

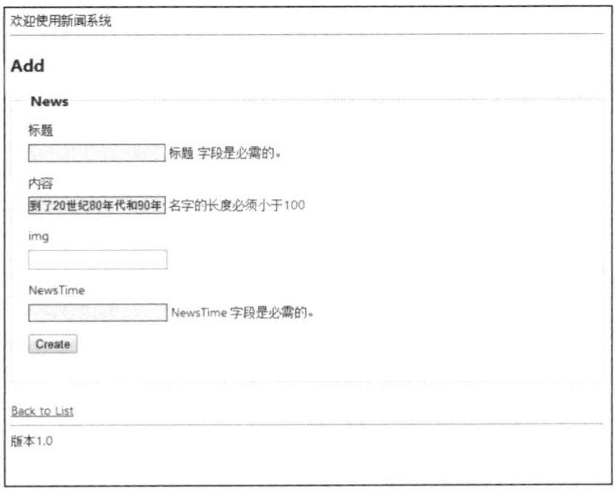

图 11-15　实现验证

223

11.6 使用 Ajax

Ajax 是网站开发中常用的技术，可以改善用户使用体验，下面用 Ajax 技术实现删除新闻的功能，步骤如下。

1）打开实现基本功能的新闻系统项目。

2）在 Models 文件夹添加 Msg.cs。

```
namespace MyNews.Models
{
    public class Msg
    {
        public    string    flag;

    }
}
```

程序说明：

Msg 类主要用于方便生成 json 串，此处只有 flag 一个属性，因此生成 json 串的优势不明显。

3）打开 NewsController.cs，修改 Delete 方法。

```
    public ActionResult Delete(int id)
    {
        NewsDao newsDao = new NewsDao();
        newsDao.Delete(id);
        // return RedirectToAction("Index");
        return Json(new Msg { flag = "1" });
    }
```

程序说明：

- Json(new Msg { flag = "1" })把 Msg 对象生成 json 串。
- Delete（）返回 json 串给 View。

4）打开 Index.cshtml，修改如下。

```
@model IEnumerable<MyNews.Models.News>

@{
    ViewBag.Title = "首页";
}
@section Scripts {
    <script type="text/javascript">

        function del(id) {
```

```
                $.post("/News/Delete", { "id": id },
                    function (data) {

                            if (data.flag == "1") {
                                $('#row-' + id).fadeOut('slow');
                            } else {


                            }


                    });
            }

    </script>
}


<p>
    @Html.ActionLink("增加", "Add")
</p>
<table border="1">
    <tr>
        <th>
            标题
        </th>
        <th>
            内容
        </th>
        <th>
            发布时间
        </th>
        <th></th>
    </tr>

    @foreach (var news in Model) {
        <tr id="row-@news.ID" >
            <td>
                @news.title
            </td>
            <td>
                @news.content
            </td>
```

```
        <td>
            @news.NewsTime
        </td>
        <td>
            @Html.ActionLink("编辑", "Edit", new { id=news.ID }) |
            @Html.ActionLink("详情", "Details", new { id=news.ID }) |
            <a href="#" onclick="del(@news.ID)">删除</a>

        </td>
    </tr>
}


</table>
```

5）运行程序，单击"删除"链接，观察记录删除但没有整个页面刷新。

11.7 分页显示新闻

分页是信息展示中必然要用到的技术，为了方便，可以采用 MVC pager、jQuery 相关插件实现。下面为新闻列表页面增加分页的功能，没有使用插件，步骤如下：

1）打开实现基本功能的新闻系统项目。

2）在 Models 文件夹添加分页的公用类 Common.cs 文件，内容如下。

```
public class Common
    {
    // 生成分页的导航条
    public   static    string GetPager(int curPage, int maxPage, string paramstr)
        {
            int endpage = 1;
            string qdkPager = "";
            if (maxPage <= 11)
            {
                if (curPage > 1)
                {
                    qdkPager = "<a href=\"?page=1&" + paramstr + "\">首页  </a> ";
                }
                else
                {
                    qdkPager = "<a class=\"noLink\">首页  </a> ";
                }
                //qdkPager += "<div>上10页</div> ";
                endpage = maxPage;
                for (int ii = 1; ii <= maxPage; ii++)
                {
```

```
                                    if (curPage != ii)
                                    {
                                         qdkPager += "<a href=\"?page=" + ii.ToString() + "&" + paramstr +
    "\">" + ii.ToString() + "</a> ";
                                    }
                                    else
                                    {
                                         qdkPager += "<a class=\"nowPage\">" + ii.ToString() + "</a> ";
                                    }
                               }
                               //qdkPager += "<div>下10页</div> ";
                               if (curPage < maxPage)
                               {
                                    qdkPager += "<a href=\"?page=" + maxPage + "&" + paramstr + "\">尾
    页</a> ";
                               }
                               else
                               {
                                    qdkPager += "<a class=\"noLink\">尾页</a> ";
                               }
                          }
                          else
                          {
                               int maxCount = 0;
                               if (maxPage % 10 == 0)
                               {
                                    maxCount = maxPage / 10;
                               }
                               else
                               {
                                    maxCount = maxPage / 10 + 1;
                               }
                               if (curPage > 1)
                               {
                                    qdkPager = "<a href=\"?page=1&" + paramstr + "\">首页 </a> ";
                               }
                               else
                               {
                                    qdkPager = "<a class=\"noLink\">首页 </a> ";
                               }

                               int nowpagecount = 0;
                               if (curPage % 10 == 0)
                               {
                                    nowpagecount = curPage / 10;
```

```
                }
                else
                {
                    nowpagecount = curPage / 10 + 1;
                }
                if (nowpagecount > 1)
                {
                    qdkPager += "<a href=\"?page=" + ((nowpagecount − 2) * 10 + 1) + "&" +
paramstr + "\">上10页</a> ";
                }
                else
                {
                    qdkPager += "<a class=\"noLink\">上10页</a> ";
                }
                endpage = ((nowpagecount − 1) * 10 + 11) < maxPage ? ((nowpagecount − 1) *
10 + 11) : maxPage;
                for (int ii = ((nowpagecount − 1) * 10) > 0 ? ((nowpagecount − 1) * 10) : 1; ii
<= endpage; ii++)
                {
                    if (curPage != ii)
                    {
                        qdkPager += "<a href=\"?page=" + ii.ToString() + "&" + paramstr +
"\">" + ii.ToString() + "</a> ";
                    }
                    else
                    {
                        qdkPager += "<a class=\"nowPage\">" + ii.ToString() + "</a> ";
                    }
                }
                if (nowpagecount < maxCount)
                {
                    qdkPager += "<a href=\"?page=" + (nowpagecount * 10 + 1) + "&" +
paramstr + "\">下10页</a> ";
                }
                else
                {
                    qdkPager += "<a class=\"noLink\">下10页</a> ";
                }
                if (curPage < maxPage)
                {
                    qdkPager += "<a href=\"?page=" + maxPage + "&" + paramstr + "\">尾
页</a> ";
                }
                else
                {
```

```
                    qdkPager += "<a class=\"noLink\">尾页</a> ";
                }
            }

            qdkPager += "            共" + maxPage + "页";

            if (paramstr.Equals(""))
                qdkPager = qdkPager.Replace("&", "");
            return qdkPager;
        }
    }
```

3）在 NewsDao.cs 添加以下方法。

```
    public string pageStr { get; set; }    //导航条

     int pageSize = 3;

    public List<News> GetNewsByPage(int curPage)    //返回第 curPage页的记录
    {

        pageStr = Common.GetPager(curPage, GetNewsPageCount(), "");  //生成导航条

        int start = (curPage − 1) * pageSize + 1;
        int end = curPage * pageSize;

        string sql = "select * from (select *,Row_Number() over(order by NewsTime)
RowNumber from news   ) t where t.RowNumber>=@start and t.RowNumber<=@end";

        Hashtable ht = new Hashtable();
        ht.Add("@start", start);
        ht.Add("@end", end);

        DataTable dt = DBHelper.GetTable(sql, ht);

        List<News> list = new List<News>();
        foreach (DataRow row in dt.Rows)
            list.Add(LoadEntity(row));

        return list;
    }

    int GetNewsPageCount()    //返回共多少页
    {
        string sql = "select count(*) from news";
        int count = DBHelper.execScalar(sql);
```

```
                    int pagecount = count % pageSize == 0 ? count / pageSize : count / pageSize + 1;

                    return pagecount;

          }
```

4）修改 NewsController.cs 的 Index 方法。

```
public ActionResult Index(int?   page)
     {

          if (page == null) //如果请求URL中没有page参数，则显示第1页
               page = 1;

          NewsDao newsDao =new   NewsDao( );
          List<News> list = newsDao.GetNewsByPage((int)page); //  第 page 也得数据

          ViewBag.pager = newsDao.pageStr；  //导航条
          return View(list)；

          }
```

程序说明：

VieBag 是向 View 传递数据的一种方式，在 View 中可以用 ViewBag.pager 读出导航条字符串。

5）在 Index.cshtml 文件末尾处增加。

```
     @MvcHtmlString.Create(   ViewBag.pager)
```

程序说明：

用@MvcHtmlString.Create 来显示分页导航条。

6）运行程序，效果如图 11-16 所示。

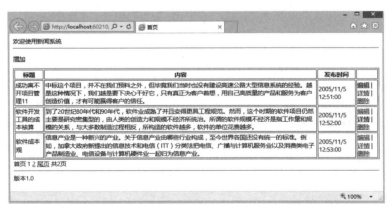

图 11-16　分页显示

11.8　文件上传

发布新闻时，需要上传图片，下面为增加新闻页面添加上传图片的功能，实现步骤如下：

1）打开实现基本功能的新闻系统项目。

2）修改 Add.cshtml。

删除以下两行：

@Html.EditorFor(model => model.img)

@Html.ValidationMessageFor(model => model.img)

相应位置增加选择文件的 html 标签：

```
<input type="file" name="file" />
```

上传文件的表单必须以 post 方式提交，而且必须有 enctype = "multipart/form-data"，因此把@using (Html.BeginForm()) {语句改为：

```
@using (Html.BeginForm("Add", "News", FormMethod.Post, new { enctype = "multipart/form-data" }))    {
```

3）打开 NewsController.cs，修改[HttpPost]的 Add 方法。

```
[HttpPost]
        public ActionResult Add(News news, HttpPostedFileBase file)
        {

            if (ModelState.IsValid)
            {

                if (file == null)
                {
                    return Content("没有文件！", "text/plain");
                }
                var fileName = Path.Combine(Request.MapPath("~/Upload"),
Path.GetFileName(file.FileName));
                try
                {
                    file.SaveAs(fileName);

                    NewsDao newsDao = new NewsDao();
                    news.img = file.FileName;
                    newsDao.Add(news);
                    return RedirectToAction("Index");
                }
                catch
                {
```

```
                    return Content("上传异常 ！", "text/plain");

                }


            }

            return View(news);


    }
```

4）在项目根目录下创建 upload 文件夹。

5）打开 Details.cshtml，为了显示图片，删除@Html.DisplayFor(model => model.img)，用<img src="/Upload/@Model.img" alt="img" />替代。

6）运行程序，跳转到增加页面，如图 11-17 所示，单击"浏览"按钮，可以选择图片，单击"Create"按钮，可以在发布新闻的同时，把图片上传到站点的 upload 文件夹。

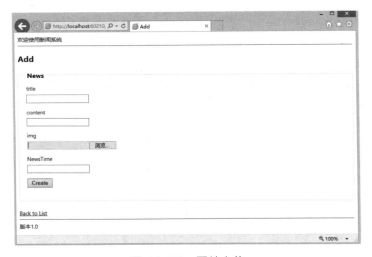

图 11-17　图片上传

习　题

1. ASP.NET MVC 与 WebForm 方式开发的关系？
2. ASP.NET MVC 如何实现模板功能？
3. Razor 的基本语法是怎样的？
4. ASP.NET MVC 的路由是怎样的？
5. ASP.NET MVC 程序实现上传有哪些要点？
6. ASP.NET MVC 如何实现验证？
7. 上机调试本章案例。

参 考 文 献

[1] 赵鲁涛. ASP.NET MVC 实训教程[M]. 北京：机械工业出版社，2015.

[2] 马军. 精通 ASP.NET2.0 网络应用系统开发[M]. 北京：人民邮电出版社，2007.

[3] 赵增敏. ASP.NET2.0 实用案例教程[M]. 北京：电子工业出版社，2007.

[4] 明日科技. ASP.NET 从入门到精通[M]. 北京：清华大学出版社，2012.

[5] 董宁. ASP.NET MVC 程序开发[M]. 北京：人民邮电出版社，2014.

[6] 陈冠军. 精通 ASP.NET2.0 典型模块设计与实现[M]. 北京：人民邮电出版社，2007.